Nicolas Gascoin

# Couplages thermique-fluidique-chimique en propulsion aéronautique

Nicolas Gascoin

# Couplages thermique-fluidique-chimique en propulsion aéronautique

## De l'importance de la cinétique chimique

Presses Académiques Francophones

Mentions légales / Imprint (applicable pour l'Allemagne seulement / only for Germany)
Information bibliographique publiée par la Deutsche Nationalbibliothek: La Deutsche Nationalbibliothek inscrit cette publication à la Deutsche Nationalbibliografie; des données bibliographiques détaillées sont disponibles sur internet à l'adresse http://dnb.d-nb.de.
Toutes marques et noms de produits mentionnés dans ce livre demeurent sous la protection des marques, des marques déposées et des brevets, et sont des marques ou des marques déposées de leurs détenteurs respectifs. L'utilisation des marques, noms de produits, noms communs, noms commerciaux, descriptions de produits, etc, même sans qu'ils soient mentionnés de façon particulière dans ce livre ne signifie en aucune façon que ces noms peuvent être utilisés sans restriction à l'égard de la législation pour la protection des marques et des marques déposées et pourraient donc être utilisés par quiconque.

Photo de la couverture: www.ingimage.com

Editeur: Presses Académiques Francophones est une marque déposée de
Südwestdeutscher Verlag für Hochschulschriften GmbH & Co. KG
Heinrich-Böcking-Str. 6-8, 66121 Sarrebruck, Allemagne
Téléphone +49 681 37 20 271-1, Fax +49 681 37 20 271-0
Email: info@presses-academiques.com

Produit en Allemagne:
Schaltungsdienst Lange o.H.G., Berlin
Books on Demand GmbH, Norderstedt
Reha GmbH, Saarbrücken
Amazon Distribution GmbH, Leipzig
ISBN: 978-3-8381-8978-9

Imprint (only for USA, GB)
Bibliographic information published by the Deutsche Nationalbibliothek: The Deutsche Nationalbibliothek lists this publication in the Deutsche Nationalbibliografie; detailed bibliographic data are available in the Internet at http://dnb.d-nb.de.
Any brand names and product names mentioned in this book are subject to trademark, brand or patent protection and are trademarks or registered trademarks of their respective holders. The use of brand names, product names, common names, trade names, product descriptions etc. even without a particular marking in this works is in no way to be construed to mean that such names may be regarded as unrestricted in respect of trademark and brand protection legislation and could thus be used by anyone.

Cover image: www.ingimage.com

Publisher: Presses Académiques Francophones is an imprint of the publishing house
Südwestdeutscher Verlag für Hochschulschriften GmbH & Co. KG
Heinrich-Böcking-Str. 6-8, 66121 Saarbrücken, Germany
Phone +49 681 37 20 271-1, Fax +49 681 37 20 271-0
Email: info@presses-academiques.com

Printed in the U.S.A.
Printed in the U.K. by (see last page)
ISBN: 978-3-8381-8978-9

Ainsi, je dédicaçais mon manuscrit de thèse de doctorat en 2006.

Six ans plus tard, je pourrais tout autant conserver cette formulation tant les choses n'ont pas changé. J'y ajouterais bien sûr mes fils, Jules et Arthur, que j'associe à la stabilité et le réconfort qu'apporte une famille. Malgré mes promesses, je n'ai pas su arrêter de travailler; les soirs, week-ends et vacances. Drôle de vie…mais passionnante ! Trois vies en une. Travailler de 7h à 22h permet bien de faire trois semaines en une; 35 h chacune. Un enseignant-chercheur a bien trois missions: recherche, enseignement, administratif. Il faut bien ça !

# Quelques mots de reconnaissance

*De remerciement dit-on habituellement ! Par curiosité, l'étude de l'étymologie m'a conduit à choisir ce mot puisque reconnaissance vient du latin conoscere "apprendre à connaître" et issu d'une racine indo-européenne signifiant "connaître, savoir" (d'après le petit Robert de la langue française). Ces mots sont donc bien adressés aux gens que j'ai appris à connaître durant mes activités de recherche, d'enseignement mais aussi administratives et d'intérêt général. A ceux que je connais et/ou qui m'ont permis de savoir, plutôt que de les remercier (de la famille de merci, du latin merces, "prix, salaire, récompense" mais aussi "faveur, grâce"), je leur adresse l'expression de ma gratitude. Coquetterie de langage ? Peut-être; bien mal venue pour un piètre connaisseur de la langue française. Ou un contre-pied ? Plutôt, oui ! Ne pas être là où on nous attend, sortir du chemin tracé. C'est l'image que je me fais de la Science.*

J'adresse donc ma reconnaissance à Philippe Gillard, Professeur des Universités en poste à l'Université d'Orléans, qui codirigea ma thèse de doctorat, me guida et m'accompagna jusqu'au niveau scientifique me permettant de présenter ce mémoire. Il a été pour moi un modèle de culture scientifique, large et approfondie, et il m'a encouragé à prendre mon indépendance scientifique. Il y a des rencontres qu'on oublie, d'autres qui ne changent rien et certaines, rares, qui font ce que l'on est.

Je pense ensuite à Christine Mounaïm-Rousselle, Professeur des Universités en poste à l'Université d'Orléans, qui fût la première à me faire confiance en m'initiant à la recherche et que j'ai retrouvé au hasard d'une *fusion-acquisition* entre laboratoires. Son dynamisme et son excellence scientifique m'ont montré la voie de la recherche scientifique de demain. Nous ne ferons plus de la recherche comme il y a 15 ans mais la ferons si nous trouvons des fonds; que nous allons chercher, en France, en Europe et sans doute demain dans le monde. C'est vers cela que nous tendons et sa connaissance du milieu, sa perception et son acuité me guident et affinent tant mon projet que ma vision.

De nombreuses personnes ont contribué à ma formation, au sens très large de ce qu'elle peut comprendre aujourd'hui, parmi lesquelles notamment Marc Bouchez -Expert Propulsion chez MBDA- mais également toutes celles que j'ai pu remercier dans mon manuscrit de thèse. Je n'oublie bien sûr pas mes étudiants, stagiaires et doctorants (Gregory Abraham et Alexandre Mangeot) pour finir par Guillaume Fau qui me fait la confiance depuis 2009 de travailler à mes côtés sur des contrats malheureusement précaires. J'espère que cela s'arrangera dans la recherche de demain.

Enfin, un petit salut à mes trois POMmes Pascal, Olive et Matt ainsi qu'à mes parents et sœurs.

# Table des matières

Table des matières ....................................................................................... 5

Introduction .............................................................................................. 7

Chapitre 1 : Des axes de recherche communs à plusieurs technologies ............ 13

  1.   Propulsion aérobie et anaérobie ......................................................... 14

    1.1. Le vol à haute vitesse militaire, voire civil ................................... 14

    1.2. Le vol civil en sécurité, voire à haute vitesse ................................ 15

    1.3. Phénoménologie ........................................................................ 17

        1.3.1.   Ecoulements réactifs couplés à un solide "inerte" ................ 17

        1.3.2.   Ecoulements et solides réactifs couplés ............................. 20

        1.3.3.   Et l'environnement dans tout ça? ..................................... 23

  2.   Problématique et éléments de recherche .............................................. 25

    2.1. La thermique ............................................................................. 25

    2.2. La fluidique .............................................................................. 28

    2.3. La chimie ................................................................................. 33

    2.4. Couplage .................................................................................. 36

    2.5. Contrôle .................................................................................. 39

        2.5.1.   Le vol aérobie hypersonique .......................................... 39

        2.5.2.   Le vol anaérobie hybride ............................................... 41

  3.   Mutualisation des connaissances ........................................................ 42

  4.   Apports personnels .......................................................................... 44

Chapitre 2 : Eléments d'études sur les écoulements réactifs ........................... 47

  1.   Moyens communs d'études expérimentales et numériques ..................... 48

    1.1. Mise en place des outils expérimentaux de suivi des phénomènes .. 48

    1.2. Mise en place des moyens numériques ......................................... 52

  2.   Caractérisation des carburants dégradés et stockage chimique ............. 56

    2.1. Apport de la cinétique chimique sur l'approche à l'équilibre ............ 56

    2.2. Température, temps, pression: effet sur la pyrolyse de carburant .... 60

    2.3. Effet de la composition chimique de l'hydrocarbure d'étude ............ 67

    2.4. Effet de la pyrolyse sur les propriétés du mélange et la fluidique .... 69

    2.5. Effet du gradient thermique sur la nature des produits pyrolysés ..... 75

    2.6. Réactions hétérogènes en pyrolyse .............................................. 80

    2.7. Dépôt carboné solide: origines, conséquences et diagnostics .......... 85

    2.8. Etude de la dynamique des phénomènes couplés de pyrolyse ......... 92

    2.9. Réduction des schémas réactionnels et stratégies de calcul ............ 96

2.9.1. Application à la pyrolyse d'hydrocarbures gazeux et solides. 97

2.9.2. Stratégies d'implémentation de schémas détaillés en outil CFD 102

3. Combustion : caractérisation et couplage..................................103

3.1. Amorçage de la combustion : paramètres clefs ...........................104

3.2. Combustion de produits de pyrolyse: couplage en vu du contrôle. 106

3.3. Travaux complémentaires de caractérisation de la combustion .....109

4. Transferts et transports en milieux poreux................................112

4.1. Effet des transferts thermiques sur la perméation.......................112

4.2. Détermination de propriété de fluide réactif.............................115

5. Conclusions .................................................................117

Chapitre 3 : Perspectives et projet de recherche .............................121

1. Approche scientifique.......................................................123

2. Relations humaines...........................................................125

3. Transfert Technologique ....................................................126

Références bibliographiques ...................................................127

Annexes .........................................................................139

Annexe 1 : Elements de Curriculum Vitae ....................................141

Annexe 2 : Les activités passées de recherche, par thèmes ..................143

Annexe 3 : (Co-) Encadrements doctoraux et de recherche ..................157

Annexe 4 : Liste des publications et des productions scientifiques...........167

Annexe 5 : Activités administratives et d'intérêts collectifs .................175

Annexe 6 : Activités d'Enseignement et liées .................................177

Annexe 7 : Compléments d'information à l'adresse des curieux, doctorants et stagiaires...........................................................182

Annexe 8 : Quelques tirés à part. .............................................189

# Introduction

Mes activités de recherche ont débutées en 2002 au Centre National de la Recherche du Canada (NRC-CNRC) sur la réduction de la formation des polluants dans une flamme de diffusion de méthane par ajout de dioxyde de carbone. L'étude de la formation d'eau par réaction d'hydrogène et d'oxygène dans les moteurs bi-liquides cryogéniques (moteur Vulcain d'Ariane V) m'a permis de débuter mes premiers travaux dans le domaine aéronautique et spatial au Centre Allemand de Recherche en Aéronautique (DLR, Lampoldshausen).

Mon doctorat fut ensuite la meilleure opportunité pour approfondir mes connaissances dans ce secteur d'activité au travers de l'étude de la décomposition endothermique d'un carburant servant comme fluide refroidisseur à un véhicule hypersonique (au-delà de Mach 5, soit cinq fois la vitesse du son). Les travaux - effectués sous la co-direction des Professeurs Gillard et Touré- ont été menés au sein des laboratoires LEES[1] et LVR[2] de Bourges. Cette double appartenance signe la pluridisciplinarité du sujet de thèse et du travail effectué. Peu de travaux en lien avec ce sujet de thèse existaient localement, hormis une première étude initiée au LEES avec la société Celerg sur le Propulseur à Ondes de Détonation (2000-2004).

Après mon doctorat, ayant eu la possibilité de poursuivre mon parcours professionnel chez l'industriel MBDA, j'ai choisi de développer un travail de recherche plus large sur la thématique de la propulsion dans une équipe (au LEES) qui n'y était historiquement pas dédiée. En janvier 2008, j'ai intégré l'équipe RES[3] à la formation de l'institut PRISME lors de la fusion de quatre

---

[1] Laboratoire Energétique Explosions Structures, UPRES EA 1205, historiquement lié à l'étude des interactions fluides-structures (déflagration et détonation) et sur la prévention du risque industriel de façon large.
[2] Laboratoire Vision et Robotique, UPRES EA 2078, tourné vers la conception robotique, vers le traitement du signal et de l'image et enfin vers l'automatique pour l'observation, le diagnostic et la commande notamment.
[3] Risques, Explosions, Structures

laboratoires orléanais, que sont le LEES, le LVR, le LME[4], le LESI[5], avec l'équipe Mécanique des Matériaux du LMSP[6]. Suite à une nouvelle organisation de PRISME, qui devient laboratoire en janvier 2011, j'ai rejoint l'un des deux pôles, celui F2ME[7], et l'équipe CE[8] au sein de l'axe "Pyrolyse et Propulsion". Depuis février 2012, PRISME fait partie du LABEX CAPRYSSES[9], auquel je suis associé. Ceci situe donc le cadre géographique, administratif et scientifique des travaux de recherche présentés dans ce manuscrit.

Suite à mon doctorat, j'ai eu à cœur de développer une activité tournée vers l'étude des phénomènes énergétiques impliqués dans les technologies propulsives du domaine aérospatial. Pour cela, j'ai d'abord été impliqué dans la poursuite de mon sujet de thèse avec l'industriel MBDA (Le Subdray, 18) afin de mettre l'accent sur le développement de techniques instrumentales, voire de capteurs. J'ai alors pu co-encadrer un doctorant, Grégory Abraham (2006-2009) sur ces activités aérobie. Parallèlement, en raison de proximités scientifiques qui seront détaillées dans le manuscrit, j'ai choisi d'étendre mes travaux à la propulsion anaérobie. En effet, au travers d'une collaboration nouvelle (Protac, La Ferté St Aubin, 45), j'ai travaillé sur le mode de propulsion hybride à partir de 2007. J'ai alors appliqué mes outils numériques à la décomposition de carburants solides, et non plus liquides, ainsi qu'à la combustion de produits gazeux. Ce thème est développé jusqu'à maintenant avec Alexandre Mangeot (doctorant 2009-2012) et au travers de stages avec la société Roxel (Le Subdray, 18) et le CNES[10].

---

[4] Laboratoire de Mécanique et d'Energétique, UPRES EA1206
[5] Laboratoire d'Electronique, Signaux, Images, UPRES EA1715
[6] Laboratoire de Mécanique des Systèmes et des Procédés de l'ENSAM Paris, UMR 8106 CNRS.
[7] Fluides, Mécanique, Matériaux et Energie
[8] Combustion et Explosions
[9] LABoratoire d'EXcellence : Cinétique chimique et Aérothermodynamique pour des PRopulsions et des sYStèmeS Energétiques propres et Sûrs
[10] Centre National d'Etudes Spatiales

Mes études sur la propulsion aérobie haute vitesse se sont ensuite développées grâce à un contrat avec l'Agence Spatiale Européenne (ESA) en 2009 au cours duquel un ingénieur de recherche, Guillaume Fau, a été recruté. Il est toujours impliqué sur ces travaux, notamment au travers d'un second contrat avec l'ESA, qui permet de conforter l'activité de recherche sur cette thématique afin d'atteindre une taille critique tant sur le plan des connaissances scientifiques et compétences technologiques que sur le plan humain et de reconnaissance internationale.

Un dernier point de recherche en lien avec la propulsion, mais aussi avec le risque, est celui issu de l'opportunité qui m'a été donnée par P. Gillard d'étendre une partie de mon code de calcul de thèse de doctorat afin de prendre en compte la combustion dans des réservoirs fermés de pré-mélanges de vapeurs de kérosène et d'air. Ce travail a profité de compétences que j'ai pu développer lors d'un séjour invité en Russie à l'institut de Chimie Physique Semenov (simulation de la transition déflagration-détonation en système fermé).

Dans ce manuscrit, je vise à montrer comment les études auxquelles j'ai participé s'articulent entre elles et répondent en même temps à un besoin industriel et technologique. Un aperçu rapide de celles-ci est disponible dans mon Curriculum Vitae en Annexe 1.

Un **premier chapitre** présente le **contexte industriel** et scientifique global duquel sont extraits des axes communs d'études afin de montrer comment des travaux universitaires ciblés peuvent contribuer à répondre à une problématique complexe en mutualisant les moyens et les connaissances. Ce chapitre s'appuie notamment sur l'Annexe 2 (description des travaux par projets).

Dans le **second chapitre**, **les phénomènes fondamentaux** identifiés au chapitre 1 sont traités. Ces résultats sont issus de travaux collaboratifs pour lesquels j'ai pu assurer des fonctions d'encadrement (Annexe 3). Les résultats obtenus au cours de ces études ont fait l'objet de publications (Annexe 4).

Enfin, le **chapitre 3** est constitué de **mon projet de recherche**. Sur la base des résultats présentés, je propose une valorisation prospective des connaissances développées au travers de leur application aux réservoirs tout composite d'avions civils notamment.

Mon investissement dans des tâches administratives et d'intérêts collectifs (Annexe 5) ainsi que dans l'enseignement au sens général (Annexe 6) sont évoqués en fin de manuscrit. Un court complément d'informations, qui n'ont pu trouver leur place dans le manuscrit et référencées comme note de fin de document (exposants I,II,… dans le corps de texte), est fourni en Annexe 7.

Quelques tirés à part, identifiés dans la liste des publications de l'Annexe 4, sont fournis en Annexe 8.

# Chapitre 1 :

# Des axes de recherche communs à plusieurs technologies

## 1. Propulsion aérobie et anaérobie

Dans cette partie 1, le super-statoréacteur et le moteur hybride sont présentés succinctement (sections 1.1 et 1.2) afin d'en englober les grands principes pour mieux les détailler ensuite (section 1.3).

### 1.1. Le vol à haute vitesse militaire, voire civil

La propulsion aérobie par statoréacteur (Figure 1) donne accès au vol supersonique mais confère un caractère militaire à ce mode de propulsion qui nécessite une vitesse initiale pour comprimer géométriquement l'air servant à la combustion dans le moteur [1]. Celle par super-statoréacteur plus encore puisque la combustion en régime supersonique permet alors d'atteindre des vitesses supérieures à au moins 5 à 6 fois la vitesse du son. A Mach 5, le mur de la chaleur[I] est franchi et le vol hypersonique s'accompagne donc d'un échauffement tel qu'aucune structure passive ne résiste. Les protections ablatives pénalisent les performances du système (incrément de la masse sèche à vide) et ne permettent pas un usage réutilisable en vue d'une application civile [2]. De plus, cette combustion supersonique représente à elle seule un challenge puisqu'à ce jour, elle semble difficile à assurer sans recourir à un carburant très énergétique mais problématique qu'est l'hydrogène.

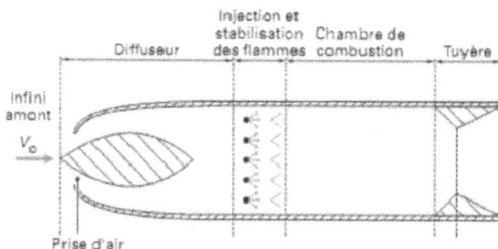

Figure 1. Schéma de principe d'un statoréacteur [3].

Aussi, un besoin clair de refroidissement actif apparaît pour un tel système si le vol hypersonique doit permettre un jour d'assurer des temps de vol supérieurs à quelques dizaines de minutes [4]. Parmi les solutions envisageables, le refroidissement régénératif présente un gain de masse important puisque le circuit de carburant prévoit le passage de ce fluide proche des parois chaudes du système afin de les refroidir et donc de récupérer l'énergie thermique pour la convertir chimiquement [5]. Cette solution intégrée entraîne l'injection de carburant chaud et surtout décomposé dans une chambre devant assurer une poussée donnée. Connaître la composition de ce fluide pyrolysé est donc primordial. Un effet bénéfique est la possibilité d'obtenir un mélange d'hydrocarbures qui présente un délai d'auto-inflammation suffisamment bas pour que la combustion se déroule dans les conditions visées.

Le système présenté ci-dessus met donc en jeu de nombreux phénomènes et paramètres physico-chimiques. Surtout, un couplage fort apparaît entre la combustion générant le flux thermique et la décomposition du carburant dans le système de refroidissement servant à évacuer ce dernier. L'injection du fluide refroidisseur symbolise le couplage.

### 1.2. Le vol civil en sécurité, voire à haute vitesse

La propulsion anaérobie qu'est l'hybride (Figure 2) présente l'atout majeur de la sécurité, puisque la séparation physique du carburant vis-à-vis du comburant assure une absence de risque de départ de feu non contrôlé [6]. Si ceci le place idéalement dans les modes de propulsion pour les applications civiles, sa place très marginale (sur le marché) trouve plusieurs explications technologiques et scientifiques [7]. Parmi les nombreuses variantes qui existent, la plus fréquemment rencontrée permet d'utiliser un oxydant bien connu qu'est l'oxygène avec un réducteur solide à bas coût, comme les polymères par exemple. Néanmoins, ce genre de couple offre des performances modestes qui ne convainquent pas [8]. Bien que des recherches existent sur le sujet, elles n'ont pas encore permis d'atteindre les niveaux de poussée et d'impulsion spécifique (Isp) des propulseurs solides ou des moteurs biliquides [9]. Cette solution intermédiaire ne profite donc nullement des avantages de chaque solution et présente certains de leurs inconvénients (pas de modulation de poussée et masse sèche trop élevée).

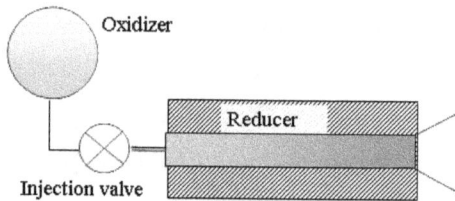

**Figure 2. Schéma de principe d'un propulseur hybride.**

Le besoin d'analyse et de recherche doit donc porter en premier lieu sur l'amélioration des performances d'un tel système en visant à accroître la poussée. Dans un second temps, la compréhension des phénomènes physico-chimiques doit porter la mise en place d'un contrôle de la poussée. Si les principes du fonctionnement hybride sont bien connus, leur étude détaillée demeure relativement vierge. En effet, le réducteur solide sous l'effet du flux thermique de la torche $H_2/O_2$ ou d'un allumeur pyrotechnique au démarrage génère le combustible gazeux. Celui-ci brûlant avec le flux entrant d'oxydant assure la combustion, donc la poussée, mais également le flux thermique servant à entretenir la décomposition donc la production de carburant. L'énergie thermique est recyclée en interne par le moteur lui-même et cela ne nécessite pas de protection thermique particulière. Au-delà du principe, des inconnues demeurent sur la compréhension locale du couplage entre: la flamme de diffusion, la couche limite dynamique dans l'écoulement, celle thermique dans le solide, la pyrolyse et la régression de l'interface solide-gaz.

Encore une fois, ce système de propulsion met en jeu des phénomènes couplés et complexes, parmi lesquels un lien étroit entre la combustion et la génération du combustible (pyrolyse sous l'effet du flux thermique).

### 1.3. Phénoménologie

Il est proposé ici d'aborder en détails la phénoménologie de chacun des modes de propulsion pour mieux en observer les similitudes et identifier des points communs de recherche.

#### 1.3.1. Ecoulements réactifs couplés à un solide "inerte"

Schématiquement (Figure 3), le refroidissement pouvant être proposé pour un super-statoréacteur met en œuvre trois actions (deux fluidiques et une thermique) qui sont respectivement:

- o Le refroidissement convectif externe de la paroi chaude grâce au carburant dans son circuit [5],

- o Le refroidissement convectif interne de cette paroi par la partie de carburant la traversant [10],

- o La réduction de l'échauffement de la paroi par l'intercalation du fluide transpiré entre la paroi et les gaz chauds de la chambre de combustion [11],

Un premier couplage apparaît ainsi entre la mécanique des fluides et les transferts thermiques, comme pour tant d'autres applications. Les deux premiers modes de refroidissement sont d'autant plus efficaces que le fluide est capable de stocker l'énergie thermique. En utilisant uniquement l'effet sensible (Figure 4), le carburant se révèle incapable de répondre au besoin exprimé pour des vitesses de vol supérieures à Mach 4 tandis que l'effet chimique (décomposition endothermique) permet de franchir cette barrière. Cette réponse technologique entraîne une problématique scientifique puisque le problème fluidique-thermique du départ se pare d'un nouvel élément qu'est la cinétique chimique, beaucoup plus complexe. De l'échelle macroscopique, le travail se déplace vers une échelle plus microscopique.

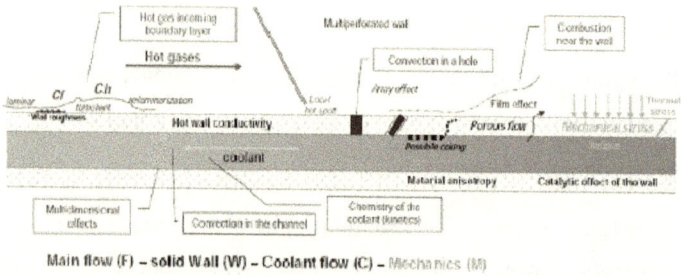

**Figure 3. Refroidissement régénératif d'une structure de vol hypersonique, avec effusion [4].**

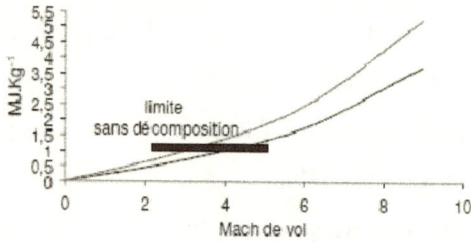

**Figure 4. Effet sensible et effet chimique sur la capacité de stockage d'énergie d'un hydrocarbure [13].**

A ce stade, il n'est pas proposé d'étudier le refroidissement par film mince (troisième point), pour lequel l'implication de la cinétique chimique est faible voire négligeable. Ce sujet n'entre donc pas dans le champ global des écoulements réactifs que le manuscrit vise à traiter. On peut simplement préciser que l'intercalation du fluide entre paroi et gaz chauds (thermique) s'accompagne également d'un refroidissement convectif (fluidique) dans la chambre elle-même [12]. Le film mince ainsi produit par la transpiration peut jouer un rôle non négligeable dans le cas de structures métalliques micro-perforées ou bien dans les structures composites. Ces dernières, à refroidissement actif, ont une perméabilité de Darcy[II] de l'ordre de $10^{-13}$ m² à $10^{-11}$ m² généralement (soit $10^3$ à $10^6$ fois plus que les matériaux employés en refroidissement régénératif).

A une échelle microscopique, de nombreux phénomènes sont à observer[III]. Un premier couplage existe entre l'écoulement du carburant, les échanges convectifs (principalement) et la décomposition de fluide. Un même couplage est identifié dans le milieu poreux (que représente la paroi perméable de la structure), même si le type d'écoulement est alors différent. Le point commun à ces deux cas est l'interaction du carburant avec le milieu solide (possibilité d'effet catalytique de surface). De plus, la décomposition du carburant entraîne éventuellement la formation de dépôt carboné solide, le coke. Celui-ci s'accumule au sein de l'écoulement et risque de boucher le passage. Cela influe directement sur l'écoulement, donc les transferts thermiques qui en retour modifient l'impact chimique. *La boucle est bouclée.*

La phénoménologie impliquée dans le refroidissement étant posée, l'étude peut se poursuivre en aval par celle (après injection) de la combustion. Compte-tenu des températures élevées en entrée d'air (supérieures à 1000 K) -dues à la compression de l'air atmosphérique à l'avant du véhicule-, les produits de pyrolyse peuvent s'auto-allumer assez rapidement [14]. Bien sûr, cela dépend de leur composition chimique et de la vitesse de vol (donc de la vitesse dans la chambre). Le temps de séjour moyen dans une chambre de super-statoréacteur, lié à la vitesse d'écoulement, est de l'ordre de 1 ms. Pour ne pas pénaliser la poussée (qui serait réduite sinon), il faut assurer une combustion complète en chambre.

Pour cela, un délai d'auto-inflammation moyen de l'ordre de 0.1 ms est espéré [5]. Le flux thermique, produit par la combustion et additionnel à celui dû à la compression de l'air, est appliqué aux parois et doit être évacué. Cela illustre le lien étroit et mutuel entre pyrolyse et combustion.

Parmi les critères de performance du refroidissement régénératif, le premier porte naturellement sur la température maximale en face chaude de la paroi du moteur (généralement localisée au niveau des ondes de choc). Un délai d'auto-allumage inférieur à 0.1 ms constitue le second critère à respecter. Enfin, la poussée du moteur est le dernier paramètre qui découle indirectement du second critère. Sans pouvoir s'y substituer, il le complète. L'étude détaillée de chacun des phénomènes identifiés ci-dessus devra servir, à terme, à proposer une solution globale de contrôle du système. C'est cette dernière étape déterminante qui validera ou non le concept.

### 1.3.2. Ecoulements et solides réactifs couplés

Le couplage observé juste avant entre la combustion et la pyrolyse est clairement identifiable en propulsion hybride dont la phénoménologie est bien connue (Figure 5). Sur une coupe axisymétrique, on observe principalement six points (respectivement deux de fluidique, deux de thermique et deux de cinétique chimique) :

1. Un écoulement turbulent "axial" dans le canal principal de la chambre hybride,

2. Un écoulement diffusif "radial",

3. Un flux thermique convecté et rayonné du gaz vers le solide,

4. Un flux thermique absorbé et conduit dans le solide

5. Des réactions de combustion

6. D'autres de pyrolyse

Ces six points peuvent être regroupés par trois : les points impairs liés à la phase gazeuse et ceux pairs liés à la phase solide. Au sein de la couche limite dynamique turbulente en surface du réducteur solide [8], un front de flamme diffusif s'établit à la rencontre du flux forcé convecté d'oxydant et de celui diffusé "naturellement" du réducteur. Des solutions multiports[IV] existent mais ne sont pas envisagées ici pour faciliter la démarche. Ce front de flamme, dont la position dépend de la fluidique (convection+diffusion), représente une source thermique évidente. Sa position par rapport à la surface influe, en partie, sur le transfert de chaleur vers le solide (conduction/convection et rayonnement). L'intérêt d'étude naît du phénomène chimique de pyrolyse qui apparaît en surface du réducteur (avec absorption profonde du rayonnement possible en couche superficielle [15]). Cette décomposition génère un flux d'espèces combustibles qui servent à entretenir la combustion (*comme de la cire pour une bougie*).

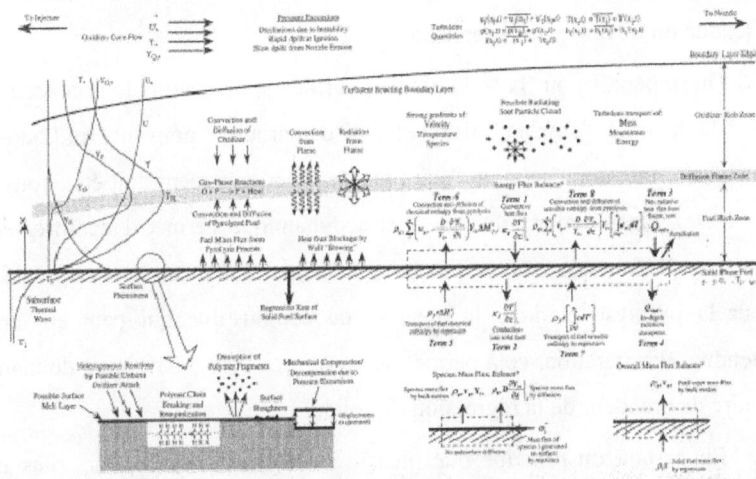

**Figure 5. Représentation détaillée de l'ensemble des phénomènes mis en jeu dans un moteur hybride [8].**

L'utilisation de paraffine n'est toutefois pas envisagée dans ce travail de recherche (puisque trop complexe à simuler) car elle fait intervenir la génération d'un film liquide avec fragmentation, atomisation, transport de gouttelettes et génération d'un spray [16]. Les phénomènes mécaniques ne sont pas non plus pris en compte bien que des déformations puissent apparaître dans le système (contraintes de pression et thermique) [17]. Les instabilités de combustion (ondes acoustiques) sont aussi mises de côté [18]. L'utilisation d'additifs générant des hétérogénéités fortes dans le matériau solide et un comportement différencié en son sein n'est pas considérée [19]. La production de particules solides comme les suies par combustion ou pyrolyse n'est pas prise en compte et l'aspect turbulent est écarté, dans un premier temps, pour décrire finement le couplage des phénomènes (au risque de moins bien décrire chacun d'eux pris individuellement). Le rayonnement et son absorption profonde en infrarouge ne sont pas étudiés. Toutes ces simplifications illustrent l'étendue du travail et sa complexité.

Un impératif pour la technologie hybride est de trouver le bon accord entre la quantité d'oxydant injecté et celle de carburant pouvant être libérée par le système, dont le point d'équilibre de fonctionnement doit être trouvé (richesse). Un premier calcul de thermodynamique permet d'identifier en fonction de l'énergie libérée par la combustion, celle qui sera disponible pour la pyrolyse et donc la quantité de combustible qui peut en être attendue. Par itération, cela permet de converger vers des valeurs donnant l'ordre de grandeur de la régression du solide.

En partant du principe que plus il y a d'énergie disponible, plus la quantité de combustible libérée est grande, des voies de recherche visent à accroître la température du système par exemple par des ajouts métalliques

[19]. Néanmoins la poussée, qui est le point le plus important *in fine* pour le motoriste, dépend de la quantité de mouvement générée par le système. Cette quantité de mouvement est liée au volume occupé par les produits de combustion (c'est aussi ce qui génère la pression dans la chambre). Faire brûler un gramme de particules métalliques présente schématiquement mille à dix milles fois moins de quantité de mouvement qu'un gramme de gaz (en ne considérant en première approche que la masse volumique)[V]. L'utilisation de particules n'est donc qu'un levier limité, certes réel, qui améliore généralement de 10 % au maximum les gains en Isp ou en poussée [8].

Aussi, l'étude de la cinétique chimique est un autre levier, souvent méconnu, qui mérite d'être étudié car il permet de raisonner sur l'aspect temporel des phénomènes alors que les études sont généralement menées en stationnaire [20]. Par exemple, le taux de chauffage ou le taux de dégagement de chaleur impliquent la notion de temps qui correspond à une modification de la nature des espèces chimiques produites par la pyrolyse. En conséquence, leur combustion se stabilise à une position variable. Ce point rencontre le même écho en refroidissement régénératif puisque, selon les espèces produites, la flamme s'accrochera différemment dans la chambre et la décomposition dans le circuit sera impactée. Ceci illustre la similitude entre les deux études; qui sont par ailleurs toutes les deux basées sur l'interaction multi-physique des phénomènes de transport de matière, de transfert thermique et de cinétique chimique. La notion de contrôle vient en dernier lieu et sera présentée en section 3.2.

### 1.3.3. Et l'environnement dans tout ça?

Il est important d'aborder le plan "écologique" des études proposées ici car certaines des problématiques en découlent. Bien sûr, la propulsion est une activité qui n'est pas neutre et elle ne tend pas nécessairement à le devenir. Néanmoins, les préoccupations environnementales existent et sont bien visibles ici, même pour des applications militaires. Certains points d'étude pourraient être écartés si tout type de carburant pouvait être utilisé.

Par exemple en propulsion hybride, aucun moteur n'égale actuellement les performances qui furent atteintes dans les années 1960 [8]. Un mélange Béryllium-Oxygène pouvait fournir des Isp jusqu'à 530 s (contre un plafonnement à 460 s avec $H_2$-$O_2$). Aujourd'hui, les meilleurs Isp atteignent 300 s ($HTPB/O_2$) et de gros efforts sont déployés pour gagner 10 % de plus. L'explication tient du fait que des produits extrêmement toxiques pouvaient être employés avant; tandis que personne ne se l'autorise aujourd'hui. Par exemple, l'emploi de HAN (Hydroxyl Ammonium Nitrate) et HNF (Hydrazinium NitroFormate) génère des composés toxiques dans l'atmosphère [21] et l'utilisation de HCl ou de GAP (Glycidyl Azide Polymer : $(C_3H_5N_3O)_n$), celle de produits chlorés et nitrés, respectivement pas moins nocifs [22]. Le Perchlorate d'Ammonium (oxydant solide) qui est souvent utilisé en propulsion solide présente aussi de fortes contraintes, ce qui explique en partie l'abandon de propulseur hybride inversé (oxydant solide et réducteur liquide).

L'emploi de certains additifs dans les hydrocarbures liquides est du même ressort [23],[24]. Certains, comme la decaline ($C_{10}H_{18}$), sont des produits hydrocarbonés à manipuler avec précaution [25] mais dont la combustion ne présente pas de danger [26]. D'autres présentent des risques en lien avec leur composition chimique (soufre, fluor). Ces considérations justifient donc l'utilisation des fluides employés dans les études présentées ici. A l'extrême, l'hydrogène pourrait être la solution (délai d'auto-inflammation minimum et grande capacité de refroidissement due à son stockage souvent cryogénique) mais les problématiques associées (sécurité, stockage) sont rédhibitoires pour les applications envisagées.

## 2. Problématique et éléments de recherche

Sur la base des phénomènes identifiés en section 1.3 de ce chapitre, **l'approche détaillée de chacun d'eux, pris individuellement ou couplés, sert de base à l'effort de recherche qui est présenté dans la suite de ce manuscrit.** Au-delà de l'intérêt bibliographique, cette section 2 permet d'identifier les domaines à investiguer, ceux sur lesquels s'appuyer et ceux hors de portée dans l'optique d'une recherche au périmètre délimité.

### 2.1. La thermique

L'ensemble des modes de transfert thermique (conduction, convection, rayonnement) est présent dans les applications présentées [8],[27]. Les échanges mentionnés dans le canal de refroidissement sont de l'ordre convectif. Néanmoins, ce phénomène macroscopique n'existe que parce que l'échelle d'observation est grande par rapport à celle des phénomènes. Sinon, c'est bien la conduction localisée dans la couche limite dynamique qui est responsable de la convection macroscopiquement observée entre fluide et solide. Cette prise en compte fine de la couche limite sera présentée notamment pour les besoins de la propulsion hybride (section 1.2 du chapitre 2). Les échanges conductifs au sein du fluide peuvent aussi jouer un rôle pour de faibles vitesses d'écoulement. Par exemple (Eq. 1), un gradient de 50 K dans la couche limite thermique de 2 mm pour du dodécane liquide ($\lambda = 0.135$ W/(m.K)) génère un flux surfacique de l'ordre de 3,4 kW.m$^{-2}$. Or, pour un canal de diamètre 3 mm et une vitesse de 0.03 m.s$^{-1}$, la densité de flux convectée (Eq. 2) est du même ordre en utilisant la formule de Colburn [28]. Cela signifie, pour des temps de séjour supérieurs à 30 s, qu'ils ont une importance similaire et que, au-delà de 30 s, la conduction prime. C'est le cas des études présentées ici (section 2.2 du chapitre 2).

$$j_q = -\lambda.grad(T)$$

(1)

$$\Phi = h_{conv.}\left(T_{paroi} - T_f\right) = \frac{Nu \times \lambda}{D}\left(T_{paroi} - T_f\right)$$

(2)

Avec $j_q$ le flux conductif, $T$ la température du fluide, $\lambda$ la conductivité thermique du fluide, $h_{conv.}$ le coefficient d'échange convectif, $T_f$ la température du fluide et $T_{paroi}$ celle du solide, $Nu$ le nombre de Nusselt, $D$ le diamètre de passage et enfin $\Phi$ la densité de flux convectée.

Le transfert thermique par rayonnement peut être considéré [29]. S'il dépend bien sûr des émissivités des corps (état de surface, matériaux ou couleur des solides) et des coefficients d'absorption/transmission (liaisons chimiques, pression et température des liquides ou gaz), il dépend aussi des longueurs d'onde et de l'orientation complexe du rayonnement. Celui-ci intervient sur des échelles spatiales grandes par rapport au transfert de proche en proche de la conduction, beaucoup plus simple à considérer [30]. Cela demande alors de calculer les facteurs de forme en fonction d'angles solides dépendant de l'orientation géométrique des surfaces. De plus, ce rayonnement est absorbé par les parois solides sur une certaine épaisseur en fonction des longueurs d'onde du rayonnement incident et des propriétés propres de surface du matériau. Un terme équivalent de conduction $\lambda_{ray.}$ peut alors être proposé pour modéliser ce phénomène (Eq. 3) [15]. Ce travail n'a pas été entrepris dans les études présentées ici pour restreindre le champ scientifique déjà large.

$$\lambda_{ray.} = \frac{16\sigma.n^2.T^3}{3\beta}$$

(3)

Avec $\beta$ le libre parcours moyen monochromatique, $T$ la température incidente, $\sigma$ la constante de Stefan-Boltzmann et $n$ l'indice du milieu.

Enfin, au sein des matériaux poreux, les transferts thermiques peuvent être conductifs tant dans le solide que dans la phase fluide à basse vitesse, bien que le rayonnement soit un élément fort entre solide et fluide [31]. La convection dépend notamment de la porosité [32],[33]. Le couplage entre fluide et solide est détaillé en section 2.4 de ce chapitre. Mieux étudier ces transferts dans le solide revient également à déterminer finement les propriétés des matériaux (structures des porosités -ouvertes/fermées-, composition multi composants). Ce travail sur les matériaux perméables concerne principalement les structures hypersoniques refroidies mais aussi, à un moindre degré, les réducteurs en propulsion hybride. En effet dans le cas d'un dopage par particules métalliques par exemple, la constitution bicomposants (matrice+particules) impacterait alors fortement le transport thermique et une dégradation différenciée conduirait à créer des porosités [34],[35].

La dynamique des échanges thermiques informe sur les phénomènes à prendre en compte selon les échelles de temps des systèmes à l'étude. Par exemple dans la phase fluide, pour des températures inférieures à 500 K, le rayonnement est deux fois moins important que la conduction qui présente un taux de chauffage d'environ 1 K.s$^{-1}$ contre 16.6 K.s$^{-1}$ pour la convection (vitesse de 1 m.s$^{-1}$ dans la configuration décrite plus haut avec du dodécane). Cependant à près de 1000 K, le rayonnement est à prendre en compte (3 K.s$^{-1}$) et il devient même prépondérant à 2000 K (28 K.s$^{-1}$). Cela signifie donc que l'augmentation de température dans le système est pilotée par des phénomènes différents selon les conditions opératoires. En régime d'écoulement supersonique, la convection a un rôle majeur (hors contribution des ondes de choc).

Bien que tous les points d'étude à considérer n'aient pas été traités dans le travail présenté ici, les lister permet de donner un cadre et de dessiner des axes futurs de recherche:

- Identifier le mode d'absorption de la chaleur d'un solide (Sur quelle(s) longueur(s) d'onde en infrarouge ? Sur quelle profondeur ? Par quelles lois si elles existent ? Par transfert convectif/conductif ?)

- Déterminer le mode de transport de la chaleur dans un matériau poreux (lois de série, parallèle ou autre)

- Prendre en compte, par des moyens "simples", le rayonnement : entre solides, entre solide et fluide (gaz/liquide/supercritique), entre particules discrètes solides et un solide continu.

### 2.2. La fluidique

Trois types d'écoulements bien différents apparaissent : dans le milieu poreux, dans le circuit de refroidissement et dans les chambres de combustion. Le premier correspond à des vitesses de l'ordre de quelques millimètres par seconde, le second à quelques centimètres voire mètres par seconde et le dernier à quelques centaines voire milliers de mètres par seconde. Schématiquement, trois ordres de grandeurs séparent chacun des cas. Un quatrième type peut être cerné dans la couche limite turbulente du propulseur hybride, puisque la diffusion des produits de pyrolyse vers le front de flamme est un transport de matière. En ramenant ces phénomènes aux échelles physiques de longueurs des applications étudiées, il est donc possible d'identifier des temps caractéristiques. Le temps de filtration est inférieur à la dizaine de seconde, voire de la seconde pour des épaisseurs millimétriques. La diffusion des espèces vers le front de flamme est du même ordre (de la seconde voire moins). L'écoulement dans le circuit de refroidissement est aussi de l'ordre de la seconde et celui en chambre de l'ordre du centième de seconde en chambre hybride et millième de seconde en chambre supersonique. Cela montre qu'il est impératif de prendre en compte le refroidissement, la filtration et la diffusion compte-tenu de la similitude des échelles de temps. Les écoulements en chambre peuvent être considérés comme étant stabilisés en raison de leur fort renouvellement sur la constante de temps des autres systèmes. Cela permet donc de simplifier les approches numériques.

L'écoulement en milieu poreux a lieu en régime laminaire ou turbulent. Il serait de type diffusif et piloté par la viscosité au travers de la loi de Stokes pour de très faibles perméabilités ($10^{-22}$ m² ou moins) [36]. Ce n'est pas le cas dans les applications visées. Les écoulements en milieu poreux sont généralement traités au travers de l'équation de Brinkman (Eq. 4), forme monodimensionnelle de l'équation de quantité de mouvement [37]. Elle fait apparaître notamment deux termes, l'un lié aux forces inertielles et l'autre à la traînée. Plusieurs formulations existent selon que la perméabilité de Forchheimer est explicitée ou non [10],[38]. La modélisation des écoulements en milieu perméable reste un sujet de recherche, tant numérique qu'expérimental, en raison de la difficulté à finement les caractériser.

$$\frac{\Delta P}{L} = \mu . \frac{V}{K_D} + \rho . \frac{V^2}{K_F}$$

(4)

avec $L$ l'épaisseur du milieu perméable, $\mu$ la viscosité dynamique du fluide (normalement isotherme), $\rho$ la masse volumique entrée (d'après la pression d'entrée), $V$ la vitesse macroscopique d'entrée (par rapport ) la section de passage), $\Delta P$ la perte de charge au travers du milieu, $K_D$ et $K_F$ les termes de Darcy et de Forchheimer.

La diffusion des espèces chimiques permet d'assurer la conservation de la masse de chacune d'elle et reflète leur transport non uniforme en raison notamment de leur masse molaire et de leur concentration. Elle peut être modélisée par une loi simple (de Fick [39]) ou plus complexe afin de tenir compte de l'interaction entre espèces [40]. En raison de la complexité expérimentale de mesurer spatialement et temporellement des concentrations de produits, l'étude du phénomène diffusif reste plus facile numériquement. Ce point constitue également un sujet de recherche à part entière, trop complexe, trop fondamental et trop microscopique pour être incorporé à un projet plus global d'analyse des systèmes. Il a donc été traité numériquement par l'équation 5 de Fick [39] et par le système 6 d'équations multi-composants [40]. Ce dernier permet de calculer le coefficient binaire de diffusion $D_{ij}$ qui dépend de $\psi_{ij}$, l'inverse de la masse réduite porté à la puissance 0.5 [41], de la pression $P$, du coefficient binaire $\sigma_{ij}$ et de $\gamma_{ij}$ qui traduit le nombre de collisions par unité de volume par seconde entre les molécules $i$ et $j$. Le coefficient $\sigma_i$ ramène au facteur de compressibilité en s'appuyant sur les propriétés critiques du constituant et en faisant apparaître le facteur acentrique de Pitzer $\omega_i$. $\sigma_i$ et $\varepsilon_i$ sont basés sur les potentiels de Lennard-Jones. Enfin, les conditions de fermeture du système s'appuient sur la conservation de masse.

$$J = -D.grad(C)$$

**(5)**

$$
\begin{cases}
D_i = 1.858.10^{-3} T^{1.5} \cdot \dfrac{\psi_i}{P \sigma_i^2 \gamma_i} \\[2mm]
\sigma_{ij} = \dfrac{\sigma_i + \sigma_j}{2} \qquad \sigma_i = \left(\dfrac{P_{ci}}{T_{ci}}\right)^{-1/3}(2.3551 - 0.0874\,\omega_i) \\[2mm]
\psi_i = \sqrt{\dfrac{M_i + M_j}{M_i M_j}} \\[2mm]
\gamma_{ij} = \dfrac{A_1}{\left(\theta_{ij}^*\right)^{B_1}} + \dfrac{A_2}{\exp\left(B_2\,\theta_{ij}^*\right)} + \dfrac{A_3}{\exp\left(B_3\,\theta_{ij}^*\right)} + \dfrac{A_4}{\exp\left(B_4\,\theta_{ij}^*\right)} \\[2mm]
\theta_r^* = \dfrac{k_b T}{\varepsilon_{ij}} \qquad \varepsilon_{ij} = \sqrt{\varepsilon_i \varepsilon_j} \qquad \dfrac{\varepsilon_i}{k_b T_{ci}} = (0.7915 + 0.1693\,\omega_i) \\[2mm]
\sum Y_i . V_i = 0
\end{cases}
\tag{6}
$$

La perméation et la diffusion restent des phénomènes assez peu étudiés comparativement aux écoulements en canalisation fermée, compressibles et instationnaires que l'on rencontre dans le circuit de refroidissement et dans les chambres de combustion. En régime laminaire, la physique est bien connue et présente assez peu d'enjeux [42]. Pour les écoulements turbulents, là aussi les fondamentaux sont acquis mais l'activité intense de recherche sur le sujet montre à quel point cela demeure un sujet d'étude "inépuisable" [27]. Les principaux efforts de recherche sur le sujet sont orientés vers la modélisation numérique et le couplage thermique-fluidique (modèles de sous-maille)[VI] ainsi que vers le développement de techniques instrumentales. Les écoulements à grande vitesse font aussi intervenir des ondes de choc [43]. Ces ondes sont produites par une discontinuité brutale de certains paramètres et propriétés (comme la pression ou la masse volumique d'un fluide)[VII]. Le couplage des ondes de choc dans les milieux réactifs [44] fait l'objet de travaux numériques et expérimentaux qui peuvent amener à l'étude de la détonation et de la transition du régime de déflagration vers celui de détonation [45]. Peu d'équipes travaillent dans le monde sur le phénomène de détonation, bien qu'un intérêt grandissant apparaisse pour les détonations continues rotatives; pour des applications propulsives par exemple [46].

**Des hypothèses simplificatrices ont été adoptées dans le présent travail de recherche afin de limiter l'étendue des travaux en fluidique.** Par exemple, l'écoulement dans le canal de refroidissement est laminaire et des relations analytiques globales prennent en compte les transferts convectifs liés au régime turbulent [13]. Néanmoins, cette "simplification" n'est pas anodine compte tenu des gradients forts qui peuvent exister sur des épaisseurs faibles de quelques millimètres [5]. Ainsi, cette approche volontaire a été caractérisée par des calculs globaux pour estimer les erreurs ainsi commises et justifier les choix. **Simplifier la mécanique des fluides favorise la prise en compte de la chimie. Cette démarche est une façon complémentaire de traiter des sujets** qui généralement font l'objet d'attentions particulières en fluidique plutôt qu'en cinétique chimique. **Cela présente aussi l'intérêt de pouvoir confronter les approches et résultats** au travers de liens de collaboration avec d'autres équipes.

Deux points d'étude peuvent donc être identifiés, en omettant ceux très complexes demandant un travail spécifique et spécialiste :

- Les écoulements en milieu poreux restent difficiles d'accès car il existe peu ou pas d'études expérimentales à l'échelle microscopique qui permettent d'en comprendre la physique. La notion de couche limite dans des pores capillaires de quelques dizaines de micromètres de diamètre hydraulique est complexe et la notion même de turbulence est alors questionnable. Les simulations numériques ont recours à des modèles macroscopiques qui servent aussi aux expérimentations. Une confrontation des données numériques et expérimentales, dans des conditions opératoires et pour des fluides et matériaux variés, reste donc nécessaire.

- La prise en compte détaillée de la diffusion chimique inter-espèces doit permettre de positionner finement le front réactionnel en chambre hybride. Bien qu'une telle description existe couramment, le couplage avec un flux de masse incident (couche limite dynamique en surface du réducteur solide) reste délicat et constitue un sujet d'étude à part entière.

## 2.3. La chimie

Les réactions chimiques apparaissent en phase solide, liquide, gazeuse voire à l'état supercritique (réactions homogènes) et pour une partie entre phases (réactions hétérogènes). Qu'elles soient de pyrolyse, de catalyse ou de combustion, ces réactions présentent des constantes de temps propres; ce qui peut justifier de les intégrer dans les études puisqu'elles peuvent présenter un rôle majeur. Par exemple, l'initiation de la combustion est pilotée par le délai d'auto-inflammation qui varie de plusieurs ordres de grandeurs selon les espèces considérées ou bien selon les conditions opératoires. Dans des applications prémélangées comme les turbomachines, ces temps sont assez courts (chimie infiniment rapide) pour que l'étude néglige cet aspect et considère un équilibre thermodynamique. Néanmoins dans les applications visées ici (combustion supersonique ou en chambre hybride), l'absence de mélange par la turbulence et l'importance de la diffusion renforce l'importance de la cinétique chimique, dont les réactions doivent être considérées à des taux finis. Ce point (synthétisé en section 2 du chapitre 2) a été traité dans les études présentées ici.

Sur le plan fondamental, les réactions de combustion interviennent généralement après celles de pyrolyse. C'est surtout le cas pour des réactifs de masse molaire élevée contenant des liaisons C-H et C-C voire C=C ou au-delà, dont les énergies de liaison sont assez faibles en comparaison aux molécules diatomiques. Le processus de dégradation thermique dépend de la nature du fluide et seuls ceux hydrocarbonés sont évoqués ici, puisque ce sont les fluides traités au cours des présents travaux. La scission aléatoire de chaine est généralement la première étape avant de produire par beta-scission et H-abstraction d'autres radicaux, puis des composés insaturés qui formeront peu à peu les composés aromatiques et cycliques entraînant la formation de particules lourdes et solides, le coke [47]. Aujourd'hui les travaux de recherche ne portent plus sur la compréhension des modes de dégradation mais plutôt sur la génération de schémas numériques détaillés et squelettiques et sur la quantification des effets extérieurs sur la chimie (pression, température, état du fluide, temps, additifs), en laboratoire [48],[49] comme en conditions opérationnelles [50]. Un gros effort de bibliographie a donc été réalisé de façon systématique par projets afin de bien définir les contours des espèces chimiques à étudier et pour ne pas s'engager sur des voies déjà balisées (chapitre 2). Pour tous, **l'étude détaillée de la pyrolyse se justifie par la combustion des produits qui ne peut donc pas s'affranchir de cette première étape endothermique.**

Dans un second temps, l'étude de la combustion des produits formés est importante puisqu'elle-même permet de caractériser les constantes de temps des systèmes. Ceci est nécessaire pour un contrôle moteur en dynamique. Néanmoins, une approche macroscopique peut être parfois suffisante. Une étude microscopique, fine, du front de flamme (vitesse laminaire de flamme) est trop ambitieuse dans un contexte global de recherche. La connaissance de certaines grandeurs peut être suffisante (délai d'auto-inflammation, température de flamme). Le délai chimique d'induction est généralement plus faible en combustion (10 ms) qu'en pyrolyse (100 ms) bien que cela dépende des conditions opératoires sous lesquelles des variations de plusieurs ordres sont observées [5]. De plus, la formation de radicaux obtenus lors de la pyrolyse peut modifier les délais d'auto-inflammation [51]. Ceci illustre le besoin d'études couplées. Tant sur le plan numérique qu'expérimental, les études tendent d'ailleurs à regrouper les phénomènes de pyrolyse et de combustion. Néanmoins, les études de pyrolyse visent souvent à caractériser les produits obtenus pour des applications de recyclage ou de valorisation tandis que celles de combustion cherchent plutôt à réduire les émissions polluantes.

Enfin, l'effet de surface peut également jouer un rôle dans la cinétique de pyrolyse (et de combustion) lorsque le fluide est en contact avec une paroi solide, métallique généralement. Des réactions hétérogènes peuvent aussi exister dans la dégradation d'un polymère, surtout en atmosphère oxydante. En fonction de la densité de sites et de la nature du substrat notamment, des réactions d'adsorption/désorption des certaines espèces, qui se retrouvent à l'état solide ou fluide au cours du temps, peuvent apparaître et favoriser la production de certains composés. La complexité des phénomènes mis en jeu, la difficulté de moyens de mesure et d'observation rendent ces études complexes et sont l'objet de travaux spécifiques (généralement anciens [52]-[54]). Aussi, la prise en compte de réactions catalytiques est réalisable moyennant l'utilisation de schémas réactionnels mais **la génération de ces derniers n'entre pas dans le cadre des travaux de recherche présents.**

Certains points d'étude apparaissent incontournables pour avoir un apport significatif vis-à-vis des systèmes applicatifs visés :

- Etudes paramétriques (température, pression, gradient thermique, atmosphère) sur la nature des produits formés par la pyrolyse de carburants choisis (liquide ou solide). Cela doit servir aux études de combustion d'une part (nature du combustible) et à identifier les meilleures conditions de fonctionnement (comme le niveau de pression par exemple) pour l'approche globale du motoriste, d'autre part.

- Formation de produits lourds comme les Hydrocarbures Aromatiques Polycycliques (HAP). Cette prise en compte permet de prévoir la formation de particules solides et donc d'éventuels risques de bouchage par exemple.

- Combustion des espèces produites par pyrolyse : analyse du flux thermique généré et des délais d'auto-inflammation attendus.

- Effet catalytique de quelques matériaux sur la décomposition d'hydrocarbures liquides et la formation de coke afin de déterminer les interactions possibles pour les systèmes réels.

### 2.4. Couplage

Les écoulements réactifs abordés au cours de cette étude font donc intervenir plusieurs phénomènes simultanément. La présentation point par point ci-dessus permet d'en appréhender l'étendue et leur complexité vient de leur couplage fort. Compte-tenu des temps caractéristiques de chaque phénomène, physique ou chimique, la dynamique du couplage est particulièrement difficile à appréhender puisqu'un paramètre peut influer sur un autre avec un décalage dans le temps. De plus, il est difficile d'isoler l'influence d'un facteur parmi d'autres en étudiant un système complet où tous agissent et interagissent. Pour une meilleure clarté, les interactions "binaires" puis "ternaires" sont présentées ci-dessous:

Thermique-fluidique :

- Les échanges thermiques par convection, naturelle ou forcée, sont nombreux dans le canal de refroidissement (également dans les chambres de combustion). Pour une approche numérique monodimensionnelle, cela demande d'utiliser des lois semi-empiriques [5]. En modélisation multidimensionnelle, ces lois ne sont plus utiles mais d'autres -dites de sous-mailles- sont à considérer pour prendre en compte la turbulence tout en conservant un nombre et une taille modérés de mailles de calcul [55]. Des études expérimentales sont aussi possibles. Ici, cependant, cela n'est pas envisagé car ce travail bien spécifique est trop en amont des études présentées.

- Ces mêmes échanges apparaissent dans la perméation. Ce point mérite d'être traité numériquement pour estimer comment le flux thermique se propage dans le milieu poreux et impacte le fluide (section 4.1 du chapitre 2).

Chimie-fluidique :

- L'effet du type d'écoulement sur la cinétique chimique doit être observé pour déterminer l'utilité de recourir à des outils de simulation complexe, ou si des outils de type 0-D peuvent suffire. Ce point est traité en sections 2.2,2.4,2.5 et 2.7 du chapitre 2.

- La prise en compte du coke est nécessaire pour prédire l'éventuel bouchage du circuit fluide et de celui du matériau poreux (section 2.4 du chapitre 2). Cela doit servir ensuite à étudier les conséquences sur l'ensemble des paramètres. Une mise en relation par des lois analytiques semi-empiriques peut être proposée (modification de la perméabilité ou réduction de la section de passage).

- La diffusion multi-composants des espèces chimiques, mise en jeu dans l'établissement du front de flamme en propulsion hybride, doit être prise en compte avec précaution puisque c'est elle qui pilote l'ensemble des phénomènes.

Chimie-Thermique :

- Le délai d'auto-inflammation est lié à la cinétique chimique de combustion mais également de pyrolyse (formation des réactifs). Il agit directement sur la thermique de la chambre mais il en est également dépendant puisque la combustion (comme la pyrolyse) apparaît pour un couple temps-température. Ce point d'étude peut être étudié numériquement avec des schémas détaillés (section 3.1 du chapitre 2).

- La formation de coke est à considérer pour prendre en compte l'effet d'isolation thermique du système de refroidissement (section 2.4 du chapitre 2).

- Considérer la formation de suies dans les schémas réactionnels de combustion serait un plus pour les prendre en compte dans les transferts thermiques par rayonnement (forte émissivité, proche d'un corps noir).

Chimie-Thermique-Fluidique :

- Ce triple couplage se retrouve globalement dans l'ensemble des phénomènes identifiés dans les applications abordées. En combustion, la fluidique pilote le temps de séjour, le mélange éventuel des réactifs et une partie des transferts thermiques. Ces derniers sont intimement liés à la chimie vis-à-vis du délai d'auto-inflammation. Ceci est aussi vrai en pyrolyse (délai d'induction chimique). L'étude complète permet d'estimer la dynamique des phénomènes en situation réaliste dans une optique ultérieure de contrôle (sections 2.8 et 3.2 du chapitre 2).

- Le refroidissement de la paroi poreuse par convection interne met aussi en avant ce couplage triple, très fort, puisque la fluidique pilote la thermique qui impacte sur la chimie. Le bouclage s'observe alors puisque les dilatations physiques et la décomposition modifient la fluidique. De plus, la formation de coke modifie directement la thermique par isolation (section 3.3 du chapitre 2).

## 2.5. Contrôle

Le contrôle d'un système joue un rôle différent des études précédentes puisqu'il s'appuie sur la description des phénomènes et la compréhension qui en est tirée. Tous les phénomènes décrits dans les sections précédentes sont régis par des équations aux dérivées partielles non linéaires à coefficients non constants. Ce type de système d'équations est l'objet de quelques études en termes de contrôle, bien qu'elles restent peu nombreuses [56]-[58]. Aussi, développer une stratégie de régulation des phénomènes en pilotant ces équations complexes est un sujet fort qui mérite un travail de spécialiste. Cette approche n'est donc pas celle envisagée dans le cadre des études présentées ici. Il semble préférable de générer un modèle global des systèmes d'études sur la base des outils complexes de simulation et d'analyse des phénomènes. Ensuite, sur ce modèle global, une approche d'automatisme pourra être proposée. Le contrôle s'appuie notamment sur le comportement dynamique (identifié au préalable) des phénomènes physico-chimiques mis en jeu dans chacune des technologies présentées. Cela passe par l'observation des variations temporelles des paramètres et de leurs niveaux respectifs en fonction des sollicitations et des conditions d'étude. De plus, il est nécessaire d'identifier les commandes sur lesquelles portera la stratégie de régulation.

### 2.5.1. Le vol aérobie hypersonique

Dans le cas du vol hypersonique, deux consignes apparaissent : ne pas dépasser une température limite en paroi pour éviter la dégradation de la structure et assurer la poussée voulue. Une seule commande semble envisageable actuellement : le débit de carburant et éventuellement sa vitesse de changement. Le pilotage de l'admission du fluide refroidisseur joue sur la fluidique donc sur l'efficacité du refroidissement. Cependant, son effet sur la combustion en chambre, sur le flux thermique généré aux parois et sur la poussée du moteur est plus difficile à prendre en compte. De plus, la gestion du retard doit être considérée puisque cela dépend des temps caractéristiques de chacun des phénomènes ci-dessus. La dynamique de la stratégie de régulation elle-même est importante. En effet à Mach 6, la distance parcourue en 1 s est de l'ordre de 2 km. Ceci impose certaines contraintes.

Une problématique complexe est associée à cette première description. En effet, pour accroître la poussée, l'augmentation du débit paraît naturelle (Figure 6).

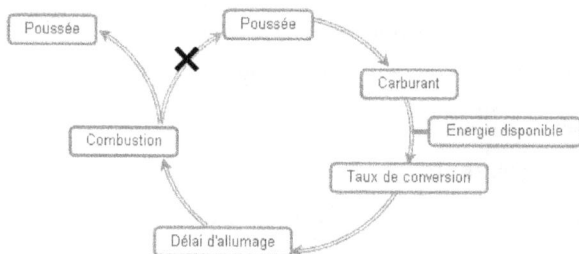

**Figure 6. Cercle vertueux ou non de la régulation en propulsion hypersonique.**

Pour un flux thermique donné en paroi, le refroidissement est d'autant meilleur mais la quantité d'énergie stockée par unité de masse par le fluide est alors plus faible. Le risque est alors d'obtenir un taux de conversion plus faible. A l'injection, le délai d'auto-inflammation plus important décale alors la combustion dans le temps donc dans l'espace vers l'aval. Le flux thermique se répartit différemment et un risque existe de ne pas assurer une combustion complète avant la sortie du moteur. Dans ce cas, l'énergie libérée par la combustion n'est plus récupérée autant qu'il se pourrait en paroi et une partie est donc perdue. Cela impacte le circuit carburant pour lequel la quantité de chaleur apportée va décroître mais également en sortie le taux de conversion. Le délai d'auto-inflammation va peu à peu s'accroître jusqu'à atteindre un seuil où la combustion n'est plus assurée et le système s'éteint. L'effet contraire de celui recherché est obtenu. De plus, cette description n'intègre pas le besoin de refroidissement qui complexifie la situation. Pour ne pas entrer dans ce cercle vicieux, il faut identifier le cercle vertueux des paramètres physico-chimiques et chercher à s'y insérer (section 3.2 du chapitre 2).

Les réponses du système sont donc le taux de pyrolyse et le délai d'auto-inflammation.

### 2.5.2. Le vol anaérobie hybride

L'aspect contrôle appliqué à la propulsion hybride présente de fortes similitudes avec celui du vol hypersonique. Pour accroître la poussée du moteur, il semble nécessaire d'augmenter le débit d'oxydant pour favoriser la production de gaz brûlés et leur vitesse d'éjection. Ce débit est la seule commande du système, avec son taux de variation. La réponse à étudier est la quantité de combustible gazeux généré. La problématique est la suivante. Augmenter brutalement le débit oxydant conduit à diluer les gaz chauds (modification de la richesse globale). Le flux thermique utile à la génération de combustible est donc réduit. La poussée diminue et, à terme, la combustion peut s'interrompre. Là aussi, pour contrer cette spirale négative, il est nécessaire d'en identifier les engrenages afin d'agir dessus pour que cela devienne un enchaînement positif. Il est à noter que fonctionner en régime pauvre n'est pas souhaité en propulsion hybride (perte de carburant déjà difficile à générer) mais fonctionner en mélange riche n'est pas souhaitable non plus (combustion des parois moteurs aux points chauds avec l'oxygène restant). Une contrainte est donc d'avoir un régime de fonctionnement proche de la stœchiométrie avec un léger excès de comburant.

## 3. Mutualisation des connaissances

De nombreux points d'études sont communs aux deux applications présentées (section 1), compte-tenu de leur phénoménologie respective (section 2). **Ceci explique le choix de la structure de ce manuscrit qui permet de faire émerger des voies communes de recherche pour mutualiser les connaissances, les moyens matériels et humains.**

La mise en place des moyens expérimentaux et numériques n'est pas une finalité de recherche mais ceux-ci conditionnent la validité des résultats obtenus et méritent donc d'être évoqués (sections 1.1 et 1.2 du chapitre 2). Ces premiers points communs sont donc:

- Des outils numériques réactifs compressibles avec cinétique chimique détaillée et fluidique simplifiée en 0-D, 1-D et 2-D (stationnaire et transitoire).

- Des outils expérimentaux obtenus par étapes successives incrémentales (four de pyrolyse, système de mise en écoulement, réacteurs, pyrolyseur flash, instrumentation, méthodes d'analyses chimiques : CPG-SM[11], IRTF[12]).

---

[11] Chromatographie en Phase Gazeuse – Spectromètre de Masse
[12] spectromètre InfraRouge à Transformées de Fourier

Sur le plan des connaissances scientifiques, celles pouvant servir aux deux applications évoquées jusqu'ici ont été identifiées :

- La pyrolyse, bien qu'elle vise un hydrocarbure liquide ou gazeux dans un cas et solide dans l'autre, est le premier point commun. Dans les deux cas, les réactions mises en jeux concernent des composés hydrocarbonés constitués d'alcanes, d'alcènes de composés cycliques et aromatiques. Les mécanismes de pyrolyse, pour les réactions secondaires au moins, et le matériel de laboratoire peuvent être mutualisés.

- Les sous-produits de pyrolyse étant similaires (sections 2.2 et 2.3 du chapitre 2), cela permet de mutualiser les connaissances de combustion. Un schéma cinétique commun peut être proposé. La combustion est traitée dans ce travail sous l'angle de ses caractéristiques macroscopiques (température de flamme, délai d'auto-allumage) en vue d'une approche système. Ceci correspond bien aux deux applications.

- L'étude de l'absorption profonde du rayonnement infrarouge intègre d'abord le cadre hybride pour les raisons invoquées en section 2.1. Néanmoins, cela permet d'affiner l'étude en lien avec le statoréacteur puisque la paroi en composite carbone -proche du corps noir- reçoit un flux thermique en majorité radiatif et son absorption profonde joue directement sur la répartition du gradient donc sur la chimie de pyrolyse du fluide refroidisseur la traversant.

- Les échanges de chaleur dans les matériaux poreux sont à étudier pour comprendre la notion de gradient thermique et de celui chimique associé. Cet apport peut servir en hybride compte-tenu de la formation possible de porosité dans le solide en cas de composition multi-composants.

- La diffusion des espèces, tant dans le front de flamme que dans les milieux poreux, peut servir aux deux études.

- La confrontation de la dynamique des phénomènes dans les deux systèmes permet de renforcer l'identification des relations en vue de leur modélisation globale.

## 4. Apports personnels

Par motivation personnelle -portée par un intérêt vif pour le domaine aéronautique et spatial-, j'ai orienté mes travaux de recherche vers l'analyse et la compréhension des écoulements réactifs appliqués à la propulsion. Mon implication dans le milieu universitaire (véritable engagement après la thèse très orientée industrie avec possibilité d'embauche) est directement issue du besoin qu'à rencontré le laboratoire PRISME (anciennement LEES) à partir des années 2000. En effet, le laboratoire a fait face à une demande contractuelle accrue sur des besoins exprimés par des partenaires industriels locaux de ce domaine d'activité.

Porté par deux expériences de simulation numérique en combustion de 2002 à 2003 (stages de recherche au NRC, Canada, et DLR, Allemagne), j'ai été accepté en thèse de doctorat au laboratoire (2003-2006) qui a détecté dans mon profil ma capacité à développer cette activité. Depuis (ATER en 2006 puis Maître de Conférences en 2007), j'ai volontairement axé mon travail sur la prise en compte de la cinétique chimique détaillée. En hypersonique, elle pilote l'allumage en combustion supersonique, qui dépend notamment de la présence des radicaux formés par la pyrolyse dans le canal. En hybride, elle commande la flamme diffusive et sa position et détermine la génération des produits combustibles. Considérer la cinétique revient à s'intéresser aux fondements des phénomènes impliqués; bien que cela ne puisse se faire qu'au détriment de la description de la dynamique des fluides pour limiter le champ d'étude.

Plutôt que de structurer le chapitre 2 de façon à faire ressortir les compétences d'après thèse (développées dans le cadre de la diversification de mes activités de recherche), je préfère conserver une organisation qui soit commandée par la logique de recherche. En effet, il existe un lien entre les travaux auxquels j'ai participé qui montre la cohérence du projet de recherche que je développe. Ces points d'étude ont demandé un effort d'adaptation en raison de l'étendue du champ scientifique. Mes compétences en pyrolyse, transferts thermiques et fluidique de thèse ont été peu à peu complétées par celle de l'allumage et de la combustion, par les modes d'écoulement en milieu poreux, par la connaissance des polymères, par la réduction de schémas cinétiques et par les phénomènes de catalyse principalement.

# Chapitre 2 :

# Eléments d'études sur les écoulements réactifs

# 1. Moyens communs d'études expérimentales et numériques

Afin de mener à bien les études présentées ici, la description des outils est aussi importante puisque ceux-ci conditionnent très fortement les résultats obtenus. Les moyens expérimentaux et numériques, ainsi que la philosophie d'amélioration de ceux-ci, sont abordés dans les deux sections suivantes avant d'en observer les résultats scientifiques aux sections 2 à 3.3 de ce chapitre.

## 1.1. Mise en place des outils expérimentaux de suivi des phénomènes

Ceux-ci sont principalement orientés vers la caractérisation des écoulements réactifs de pyrolyse. En ce qui concerne la dégradation d'hydrocarbures liquides ou gazeux, leur mise en écoulement, leur chauffage, leur analyse ainsi que l'ensemble des outils de régulation, mesure et contrôle des paramètres opératoires a été rendu possible au travers de la conception du banc dit "COMPARER" (Figure 7). Celui-ci a évolué très fortement au cours des années suivantes [59],[60] afin de le rendre plus performant (mesure temps réel, quantification des flux de masse pour bilan de matière, automatisation). Les gammes opératoires du banc et ses spécificités techniques sont détaillées dans le Tableau 1.

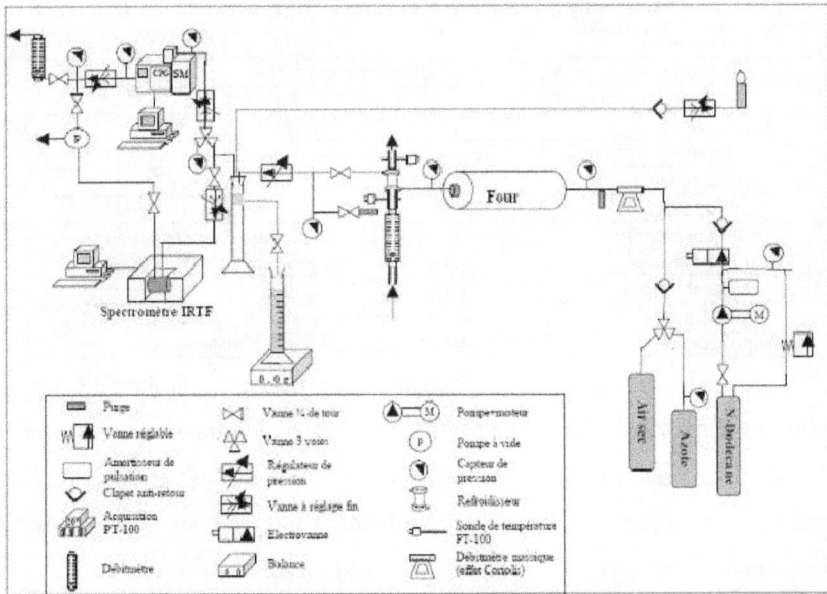

**Figure 7. Schéma simplifié du banc COMPARER d'étude des écoulements réactifs [59].**

Le dispositif d'essai permet d'identifier et de quantifier les produits de décomposition liquides et gazeux formés selon les conditions opératoires afin d'analyser l'influence des différents paramètres physiques (pression et débit), chimiques (nature du fluide et du réacteur), thermiques (température et rampe de chauffe) et géométriques (type de réacteur et dimensions). La particularité du système est de permettre d'atteindre des conditions supercritiques sous lesquelles les phases liquide et gazeuse ne sont plus définies; ce qui confère au fluide une capacité de compressibilité et donc un comportement tout à fait particulier et donc intéressant à étudier [61]. L'association du banc complet avec des outils de diagnostics de la combustion permettrait d'aboutir à un dispositif complet d'étude, bien que cela n'ait pas été rigoureusement mené à ce jour (en projet pour 2012-2015).

**Tableau 1. Caractéristiques techniques du banc COMPARER.**

| Température | 300 K -1200 K |
|---|---|
| Pression | 1 bar – 60 bar |
| Débit | 0.01 g.s$^{-1}$ à 1 g.s$^{-1}$ |
| Temps de séjour | 20 s – 200 s |
| Fluides | Methane, heptane, decane, dodecane, kérosène, JP-10 |
| Type de réacteur | Tubulaire ouvert, milieu poreux |
| Nature du réacteur | Acier, Titane, laiton |
| Dimensions caractéristiques | Longueur: 0.1 m (milieu poreux) à 1 m (tubulaire) Diamètre de passage: 1.8 mm à 16 mm |
| Analyse chimique | En ligne (IRTF), hors ligne (CPG/SM) |
| Mesures supplémentaires | Débit (4 voies), températures (>10 points), pression (3 points), masse des condensats en sortie |

Les ajouts majeurs, au cours de l'utilisation du banc, ont été l'emploi de cellules optiques spécifiques pour la mesure en ligne en transitoire (sur fluide chaud sous pression ou bien sur produits gazeux détendus) et l'emploi d'un réacteur modifié avec système d'échantillonnage intégré pour les mesures en milieu poreux [59],[60].

Il peut être remarqué que ce banc fût, à l'origine, conçu pour reproduire les phénomènes attendus sur un véhicule hypersonique. Outre la pompe, l'aspect thermique de la combustion est reproduit par le four, le canal de refroidissement est simulé par le réacteur tubulaire et la combustion est accessible via un brûleur. Son dimensionnement a été effectué de façon originale par un outil numérique développé parallèlement (section 1.2 suivante). Cela a permis d'éviter de recourir à la méthode des "essais et erreurs" et donc d'apporter un gain de temps et une réduction du coût [62]. De plus, sa modularité a permis de l'utiliser à des fins d'analyse fondamentale de la pyrolyse [60] et le dispositif permet désormais un travail pour d'autres applications que celle envisagée initialement.

L'emploi d'une technique optique de diagnostic de la composition chimique a également fait l'objet d'un important travail de recherche, de développement et de mise au point. En effet, l'utilisation de la spectrométrie InfraRouge à Transformé de Fourier (IRTF) [59] n'est pas nouvelle pour caractériser des compositions chimiques [63]. Cependant, les conditions opératoires (fluide supercritique voire multiphasique -60 bar et 1200 K-), la similarité des espèces (toutes hydrocarbonées) et la volonté de quantifier et d'identifier de manière différenciée les espèces rendent la technique particulièrement délicate à manipuler [59].

Les points suivants ont fait l'objet d'investigations plus particulières en infrarouge :

- Effet de "matrice": le signal du mélange est-il la somme des signaux de corps purs ? [64]

- Etude paramétrique des conditions de mesure et des réglages (nombre d'acquisitions, ouverture et vitesse de déplacement des miroirs, température et pression dans la cellule, longueur de chemin optique, taux de renouvellement de la cellule) sur le signal de transmission reçu [59].

- Impact du choix des zones caractéristiques des composés sur la quantification de l'ensemble des produits [59]

- Effet d'espèces présentes mais non prises en compte sur la quantification des autres espèces (présence de composés selon la pression de vapeur saturante) [59]

Une quantification des espèces présentant plus de 4-5 mol.% a été ainsi obtenue en transitoire (une à dix mesures par secondes) et en ligne (banc *in-situ* et banc déporté) avec une précision de 2 mol.% absolu ce qui est d'autant plus acceptable pour les composés majoritairement attendus pour un fort degré de pyrolyse (alcanes et alcènes du C1 au C3) [65],[66]. Ce travail de recherche a donc permis de mettre en place un outil expérimental qui tend à être appliqué à d'autres études en cours et à venir pour fournir des données transitoires et *in-situ* de composition chimique pour améliorer la compréhension des phénomènes impliqués et pour servir de données de validation au numérique (section 1.2 suivante). L'emploi du IRTF en propulsion hybride servirait par exemple à caractériser les espèces formées proche de l'interface solide-gaz.

## 1.2. Mise en place des moyens numériques

L'utilisation de logiciels du commerce, dont certains de CFD (Computational Fluid Dynamics), a permis de nombreuses avancées dans la compréhension des phénomènes comme la dégradation d'hydrocarbure en 0-D (cinétique chimique ou équilibre thermodynamique) [5],[67],[68], la pyrolyse flash [69], la perméation en milieu poreux [70]. Leur utilisation simplifiée et leur validité représentent un avantage certain, notamment pour des études courtes. Néanmoins, ces outils présentent des inconvénients et ne permettent pas d'aller très loin dans la prise en compte détaillée de certains phénomènes (écoulement+cinétique chimique, propriétés multi-espèces de fluides réels, frontière variable). Il est aussi difficile d'utiliser des codes qui semblent proposer toute la palette des caractéristiques visées en raison de leur complexité (comme le code OpenFoam). Afin de maîtriser les hypothèses, de pouvoir adapter et modifier le code et dans un but pédagogique de formation, un effort important de programmation et de modélisation a été entrepris dans le présent travail.

Cette étape de développement de logiciels de modélisation et de simulation numérique est longue et a été entreprise dès le début de mes activités de recherche. A côté de l'absence d'outils numériques au laboratoire (activité fortement expérimentale), l'étude des écoulements d'hydrocarbures était principalement assurée chez l'industriel MBDA (partenaire de mon projet de thèse) par des outils stationnaires non réactifs (succession cascade de réservoirs 0-D statiques). Ceux-ci prenaient en compte, par des tables à deux entrées (pression/température), les variations de propriétés physiques [71]. J'ai donc couplé ce premier code à un solveur de cinétique chimique, CHEMKIN, afin de prendre en compte la variation spatiale (et temporelle compte-tenu de la vitesse d'écoulement) de la composition chimique du fluide en cours de réaction [72].

L'emploi de schémas cinétiques détaillés (plusieurs centaines d'espèces et milliers de réactions) est un atout majeur puisque cela a permis pour la première fois d'avoir une première connaissance des phénomènes impliqués, de comprendre les effets de débits, de pression, d'hétérogénéité du profil thermique appliqué en paroi notamment. L'ajout de routines spécifiquement conçues pour le calcul des propriétés physiques et de transport (capacité thermique, conductivité thermique, masse volumique, viscosité dynamique) a permis d'aller plus loin dans la prise en compte de l'effet endothermique de la décomposition, de l'effet de l'état ou de la phase du mélange pyrolysé (supercritique, liquide ou gaz) et de l'impact de la chimie sur les transferts thermiques et le comportement hydraulique du fluide.

Néanmoins les limites de ce premier outil de calcul sont liées à celle du code 0-D cascadé ayant servi de support. L'étude du régime transitoire a alors nécessité de proposer un nouveau code dédié. En effet, le passage à une programmation instationnaire s'est imposé pour étudier les variations temporelles tant de l'hydraulique que de la thermique (dont le temps d'établissement par exemple était mal connu), surtout dans le cas d'un couplage avec la chimie. Le recours aux équations de Navier-Stokes, en 1-D avec une programmation instationnaire, a permis d'établir le code RESPIRE [73] (conservation de la masse et quantité de mouvement avec terme puits pour d'éventuelles pertes par filtration pariétale). Sa particularité est de considérer l'ensemble du véhicule hypersonique (canal de refroidissement, chambre de combustion, entrée d'air, bilan aéropropulsif, conditions de vol). Ainsi, les effets couplés de la combustion sur le canal de refroidissement donc sur la composition du fluide avant injection en chambre ont pu être appréhendés dans le détail et en fonction du temps, ce qui est une caractéristique primordiale dans le cadre de recherche portant sur la stratégie de pilotage d'un tel système. L'ensemble des équations et hypothèses associées au code RESPIRE est disponible en référence [5].

Ce code 1-D, robuste, a pu être étendu à une variété de cas tests et être employé sous une forme simplifiée (MIRAGE) pour simuler l'allumage de vapeurs de kérosènes en enceinte fermée [74]. Afin d'étendre les possibilités du code de calcul, un travail exploratoire sur un code spécifiquement développé en parallèle a permis la prise en compte de la diffusion multi-composants et l'adaptation dynamique de maillage non uniforme pour mener des études de détonation [75]. Ces deux avancées numériques ont permis d'affiner les outils dédiés à la simulation de la combustion et d'apporter des lois analytiques en vue de la conception d'un modèle global sur lequel sera, à terme, implémenté un contrôle moteur.

Ces premiers codes ont en commun d'être écrits en 1-D. Il n'est donc pas possible d'observer explicitement plusieurs phases, d'étudier les gradients orthogonaux à l'écoulement principal (couche limite thermique et dynamique), de prendre en compte finement l'effusion orthogonale ni les transferts thermiques par conduction dans les parois du système (autrement que par une loi globale). Pour ces raisons, un passage en 2-D a été choisi. Le code PhysX a été développé pour les besoins de la propulsion hybride bien qu'il soit à terme utilisable pour d'autres applications (dégradation de matériaux solides avec effusion des produits de pyrolyse par exemple) [76]. Il permet à l'origine de simuler une chambre de combustion 2-D (description cartésienne) et plus particulièrement la zone proche de la paroi d'un bloc solide de réducteur afin d'observer le phénomène diffusif en surface couplé aux transferts thermiques et phénomènes réactifs. La régression du solide (disparition de nœuds en phase solide et création d'autres en phase gaz) est le point fort, en plus du maillage bidimensionnel adaptatif, s'additionnant aux autres précédents (mécanismes cinétiques détaillés de pyrolyse et de combustion, couplage thermo-hydraulique, poussée).

Néanmoins à ce stade, l'emploi des cinétiques détaillées en 2-D fait rapidement entrevoir la complexité de tels calculs sur des outils conventionnels (station de calcul à une dizaine de cœurs). Aussi, le besoin de réduction des schémas est apparu et ouvre une nouvelle voie d'étude. Le développement d'autres méthodes de simplification de la chimie (tabulation) est aussi à l'étude.

Enfin, ces outils numériques permettent de dimensionner les installations expérimentales et pas uniquement à en reproduire les résultats [62]. Plus particulièrement, sur le banc COMPARER, une règle de similitude basée sur le profil spatial longitudinal de la capacité thermique a été choisie pour définir la longueur nécessaire du four, sa puissance, le diamètre du réacteur et le débit massique pour également respecter le régime d'écoulement. D'autres éléments ont fait l'objet de calculs et d'autres expérimentations ont aussi été conçues ainsi (maquette chaude de propulseur hybride, cellule de perméation, pyrolyseur flash).

Le point d'intérêt de ces développements numériques successifs est que l'approche retenue est de procéder par "couches concentriques" qui s'englobent peu à peu afin d'améliorer la couche précédente. En effet, les développements réalisés sur un code se retrouvent dans le suivant qui contient lui-même un peu plus de détails. Ainsi, peu à peu, l'outil numérique gagne en fiabilité, validité et adaptabilité. Ces codes ne sont pas développés en indépendance; ce qui aurait aussi pu être un choix pour disposer de codes spécialisés dédiés à l'étude de certains phénomènes. **L'ensemble des travaux présentés ici relève de ce choix délibéré qui est d'apporter une description large des phénomènes, pluridisciplinaire, afin de décrire au mieux le couplage entre ceux-ci.**

De plus, pour limiter l'étendue des travaux, des simplifications ont été proposées dans ces codes de calcul. Cela tient au fait que la simulation numérique n'est pas une spécialité de l'équipe ni du laboratoire. Le développement de ces outils n'est pas une fin en soi. Il s'agit de disposer d'outils, validés, à l'incertitude connue mais pas obligatoirement minimale, pour mener des calculs sur des temps raisonnables (quelques jours voire une à deux semaines). **Ceux-ci servent la compréhension des phénomènes et permettent de mieux exploiter et analyser les résultats expérimentaux.** Il en découle nécessairement que ces codes soient moins optimisés qu'ils ne pourraient l'être dans des équipes spécialisées en simulation numérique.

La simplification systématique de la dynamique des fluides (coûteuse en temps de calcul au travers de la finesse de maillage nécessaire pour la prise en compte de la turbulence) est un parti-pris pour se démarquer des codes de recherche ou commerciaux très spécialisés sur ce point là. L'absence de prise en compte détaillée du rayonnement, si ce n'est au travers de la loi globale de Stefan, est également une hypothèse forte. Cet inconvénient de simplification peut aussi être vu comme un avantage puisqu'il ouvre une voie importante de collaboration. En effet, la confrontation code à code permettrait de mieux quantifier l'apport respectif de chaque phénomène (physique, thermique, chimique). Ce point est abordé en section 1 du chapitre 3 dans les perspectives d'étude.

**En conclusion, l'outil numérique doit être vu dans ces travaux comme un éclairage supplémentaire servant à la compréhension des phénomènes. Il apporte des données non mesurables expérimentalement mais ne s'y substitue pas. Cette précision est fondamentale dans mes travaux qui visent à toujours confronter les deux approches.**

## 2. Caractérisation des carburants dégradés et stockage chimique

### 2.1. Apport de la cinétique chimique sur l'approche à l'équilibre

Avant de prendre numériquement en compte la cinétique chimique, particulièrement avec des schémas détaillés, l'approche à l'équilibre thermodynamique permet d'estimer la nature des produits, leur concentration voire un taux de conversion. Elle présente l'avantage de pouvoir s'affranchir de certaines conditions d'étude (masse volumique, Reynolds, viscosité, écoulement, mode de chauffage). Cela facilite une étude comparative entre fluides d'étude. De façon systématique dans les travaux présentés ici, ce type de calcul a donc été une première étape [5], [67], [77]. Pour certaines technologies propulsives, les mouvements turbulents sont assez importants pour que l'hypothèse de prémélange entre l'oxydant et le réducteur soit acceptable. Dans ce cas, une approche à l'équilibre peut se justifier. Cependant, dans le cas d'écoulement à forte vitesse ou bien dans un cas diffusif, la cinétique chimique peut être très importante pour deux raisons. La première concerne la composition chimique qui évolue au cours du temps dans un système réactif. La composition influe sur le délai d'auto-inflammation et sur les propriétés du fluide. La seconde caractérise la dynamique du système. En effet, les réactions chimiques ne sont pas instantanées et leur temps caractéristique est à prendre dans le cadre d'études couplées avec la thermique et la fluidique.

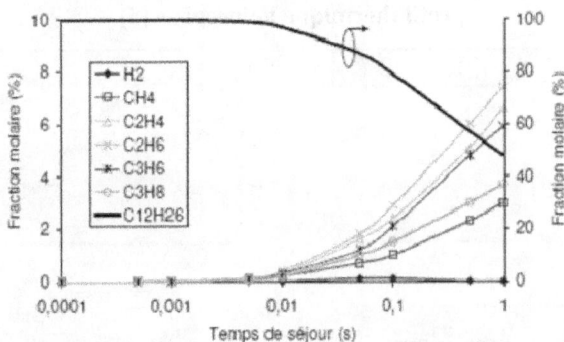

**Figure 8. Calcul 0-D de la pyrolyse du dodécane à 900 K et 35 bar [5]**

Cet aspect a été abordé au cours de plusieurs projets afin de quantifier l'impact de la cinétique chimique sur les autres phénomènes. Dans le cas d'une chimie infiniment rapide, la cinétique joue un rôle qui peut être négligé tandis que la prise en compte de taux finis de réaction contribue à l'analyse fine des phénomènes associés lorsque cela est nécessaire. Dans une configuration hydraulique et thermique donnée [5], le temps influe notablement sur la composition qui ne peut donc pas être considérée à l'équilibre (Figure 8). En faisant varier les conditions hydrauliques et thermiques (Figure 9), on observe que le degré d'avancement de la réaction (vu ici au travers du taux de pyrolyse) ne dépend pas exclusivement de la température. Ceci vient du rôle de la cinétique chimique qui est d'autant plus important que la température du milieu est basse.

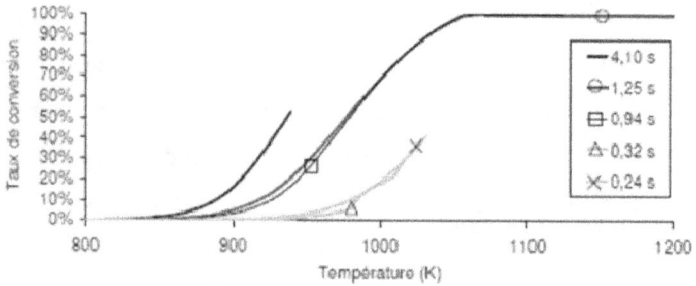

**Figure 9. Taux de pyrolyse du dodécane en écoulement 1-D à 35 bar avec profil thermique hétérogène [5]**

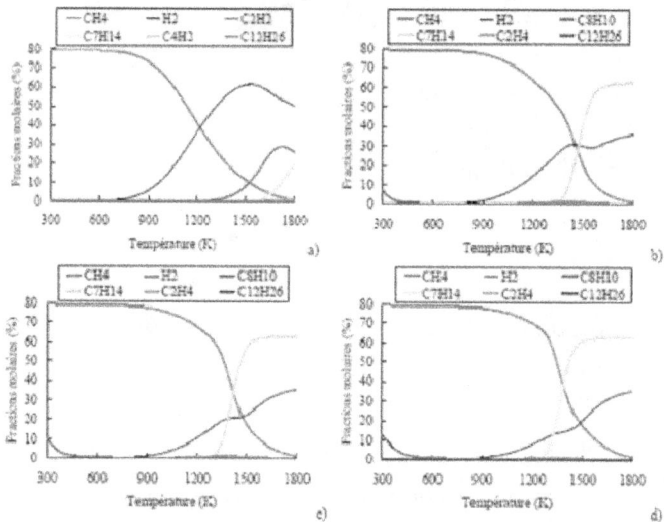

**Figure 10. Calculs de pyrolyse à l'équilibre du dodécane à 1 bar (a), 15 bar (b), 35 bar (c) et 70 bar (d) [5]**

La Figure 10 montre par exemple à l'équilibre une production massive de méthane à température ambiante à partir du dodécane alors que celui-ci est pourtant stable sur des temps inférieurs au mois par exemple. En revanche, plus la température est élevée et plus la cinétique est rapide. Elle se rapproche alors de l'équilibre thermodynamique. Une étude similaire a été entreprise en ce qui concerne la dégradation de réducteurs solides (HTPB et PMMA) dans le cadre de la propulsion hybride [78]. Il apparaît que la chimie tend vers l'équilibre thermodynamique lorsque la pression et la température sont élevées (Figure 11).

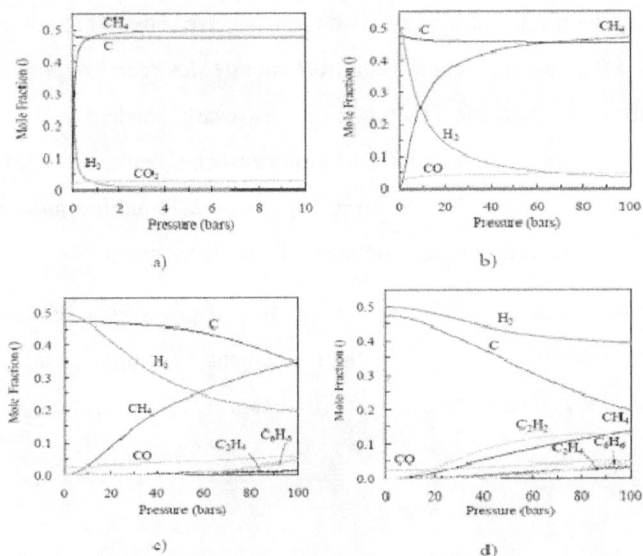

**Figure 11. Calculs à l'équilibre de pyrolyse du PBHT à 500 K (a), 1000 K (b), 1500 K (c) et 2000 K (d) [78]**

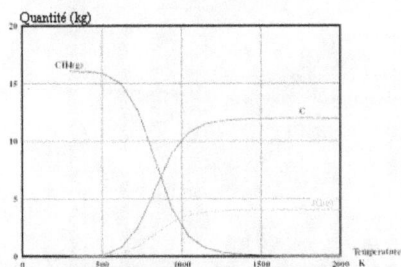

**Figure 12. Calculs à l'équilibre de pyrolyse du méthane à 1 bar [77]**

Pour des composés plus stables que des liquides ou des solides de masse molaire élevée, l'équilibre thermodynamique permet d'observer avec une meilleure pertinence la conversion du réactif bien que les produits formés présentent moins d'intérêt [77]. Par exemple, il apparaît que le méthane est stable à 300 K puis se dégrade peu à peu pour atteindre un taux de pyrolyse de 100 % à 1500 K environ (Figure 12). Ce résultat est en accord avec des résultats d'essais ayant montré une décomposition totale à 1400 K pour le méthane jusqu'à 24 bar [59].

Une comparaison entre résultats de calculs avec une cinétique chimique détaillée et avec une approche à l'équilibre montre des écarts importants sur la décomposition du méthane (Figure 13). Ces écarts tendent à diminuer en augmentant la pression et la température. En revanche, l'estimation des produits de pyrolyse n'est pas satisfaisante avec l'approche à l'équilibre alors que c'est justement l'objectif de la prise en compte de l'aspect réactionnel.

Ces conclusions motivent donc le choix de recourir à des schémas détaillés de cinétique chimique pour représenter finement l'évolution temporelle des phénomènes ainsi que de quantifier les différentes espèces produites.

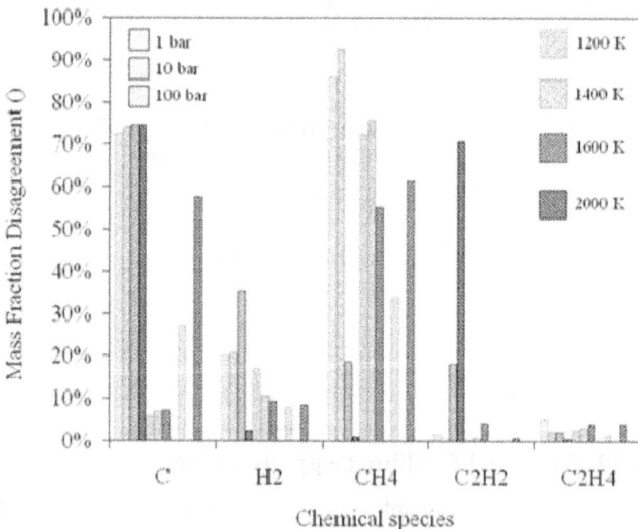

**Figure 13. Ecarts relatifs de composition entre calculs à l'équilibre et en cinétique chimique avec le mécanisme de Dean [77]**

**2.2.  Température, temps, pression: effet sur la pyrolyse de carburant**

La dégradation thermique des hydrocarbures, quelles qu'en soient les natures ou phases physiques, est basée sur les mêmes types de réactions chimiques [47] (random scission, H-asbtraction, β-scission)[VIII]. Sur le plan fondamental, une fois que ces réactions sont connues, il est nécessaire de les décrire au travers de leur vitesse pour évaluer la quantité de chacun des produits au cours du temps et en fonction des conditions opératoires. Ce type d'études est généralement mené en réacteur parfaitement agité en milieu très dilué, à des pressions faibles et sans effet catalytique du réacteur (souvent en quartz) [79]. Elles permettent de générer des mécanismes réactionnels pour une utilisation numérique [80].

Une autre façon d'étudier ces réactions de pyrolyse est d'observer macroscopiquement quelles espèces sont produites et dans quelles proportions en fonction des conditions opératoires sans chercher à identifier finement les chemins réactionnels. **Cette seconde approche est celle qui a été retenue dans le travail présenté ici** car l'objectif des études de cinétique est de déterminer en conditions "réelles" les produits formés et leur concentration. Fonctionner en milieu très concentré (sans dilution), en écoulement non uniforme, avec un effet catalytique possible du réacteur modifient suffisamment les conditions pour nécessiter des études spécifiques, en plus des premières plus fondamentales. La température, le temps et la pression sont les premiers paramètres d'étude (bien que d'autres influent également). Une première étude sur le dodécane (bon représentant simple des carburants aéronautiques) a permis de montrer l'effet prépondérant de la thermique puis du temps et enfin de la pression sur la décomposition [5]. Pour cela, un plan d'expérience (Tableau 2) a été conduit afin de quantifier les effets de ces paramètres. Une relation empirique, donnant le taux de pyrolyse, en a été déduite et peut ainsi servir au besoin de modélisation numérique (Eq. 7).

**Tableau 2. Paramètres et niveaux choisis pour le plan d'expérience [5]**

| | Débit de fluide $(g.s^{-1})$ | Température maximale de four (K) | Pression fluide (bars) |
|---|---|---|---|
| Paramètre | A | B | C |
| Niveau haut (+1) | 0,1 | 1000 | 60 |
| Niveau bas (-1) | 0,05 | 800 | 10 |

$$\tau_{pyro} = 0,373 + 0,280\,X_B - 0,184\,X_A - 0,163\,X_{AC} \tag{7}$$

La répartition des produits de pyrolyse a été obtenue par CPG-SM-DIF-DCT[13] (Figure 14) tandis que le taux de conversion du réactif dépend fortement des conditions opératoires (Figure 15). Une approche à l'équilibre ne suffit donc plus pour décrire les effets du temps de séjour (débit), des changements de pression et de masse volumique, du profil non uniforme de chauffage et des gradients radiaux et longitudinaux des paramètres physico-chimiques.

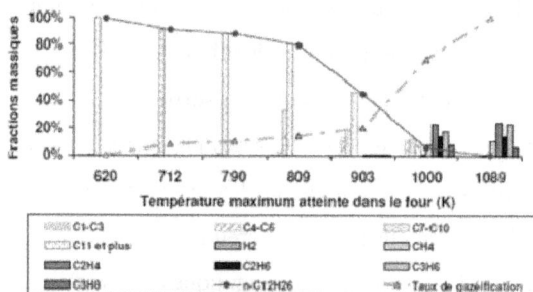

**Figure 14. Distribution des produits de pyrolyse du dodécane en réacteur tubulaire à 10 bar [5]**

---

[13] Détecteur à Ionisation de Flamme – Détecteur à Conductivité Thermique

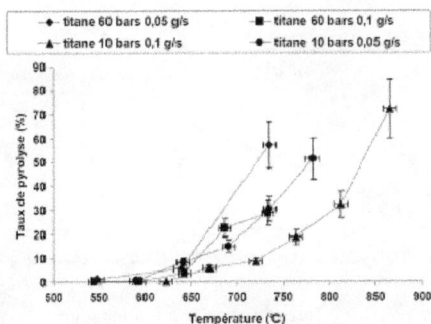

**Figure 15. Effets de la pression et du débit sur la mesure du taux de pyrolyse du dodécane [59]**

Ces résultats permettent d'entrevoir une étude de combustion des produits ainsi formés. Des conditions optimales de pyrolyse ont été préconisées afin de favoriser la production d'espèces au délai d'auto-allumage faible (hydrogène, éthylène) par rapport à d'autres (méthane). Dans une optique de contrôle du process, des relations entre certains paramètres (taux de gazéification et de pyrolyse par exemple) ont été tirées des mesures expérimentales (Figure 16, commentée en page suivante). D'autres études paramétriques ont permis d'identifier et de quantifier l'effet d'autres paramètres comme celui du diamètre du réacteur (ratio surface d'échange sur volume de fluide) et de l'état du fluide (sous- ou supercritique). La formation de produits lourds à haute température (coke) a été mise en évidence et les intermédiaires dans cette formation (acétylène, benzène, HAP[14]) ont été suivis.

---

[14] Hydrocarbures Aromatiques Polycycliques

---

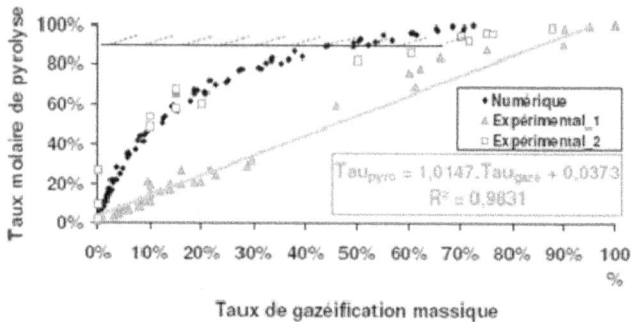

**Figure 16. Observation de deux tendances distinctes lors de la pyrolyse du dodécane [5]**

Il peut être ajouté, en ce qui concerne la Figure 16, que l'approche numérique a permis d'identifier l'origine de l'écart observé sur les deux séries expérimentales, pourtant obtenues avec le même banc d'essai. La différence principale réside dans le débit de fluide. Il a été montré que le régime d'écoulement et le mode de chauffage associé (uniforme ou non) favorise un chemin réactionnel ou un autre et peut, pour un même taux de pyrolyse, produire une quantité d'espèces légères plus grande lorsque le chauffage est intense et court. Plus le temps de séjour est long et le chauffage est lent, plus la formation d'espèces lourdes apparaît.

D'autres études expérimentales et numériques de la pyrolyse ont été conduites sur des hydrocarbures gazeux, liquides et solides dans des conditions variées [59],[60],[77],[78]. Les mêmes effets de la température et du temps ont été montrés, mais pas pour la pression. Par exemple, selon les résultats numériques obtenus à l'aide d'un mécanisme détaillé [81], la pression accroît la pyrolyse du PEHD[15] (Figure 17). Cependant, l'inconvénient du calcul numérique ici est de ne pas prendre en compte la consommation des premiers produits formés (Figure 18). Aucun mécanisme secondaire n'est proposé (seulement le mécanisme primaire). Certains carburants d'études mieux connus, comme le

---

[15] PolyEThylène Haute Densité

méthane par exemple, ont été davantage étudiés donc ils disposent de mécanismes plus élaborés (car aussi plus simples). Une étude comparative de certains de ces mécanismes (Figure 19) montre globalement une tendance commune. Le plus intéressant est de voir que la pression semble inhiber les réactions de décomposition du méthane contrairement aux observations pour le PEHD. Cela justifie donc d'étudier l'influence de la nature du réactif (section 2.3 suivante). D'autres paramètres peuvent également jouer un rôle puisque la pression n'a pas le même impact selon la phase du fluide et selon le réacteur (ouvert en écoulement ou fermé).

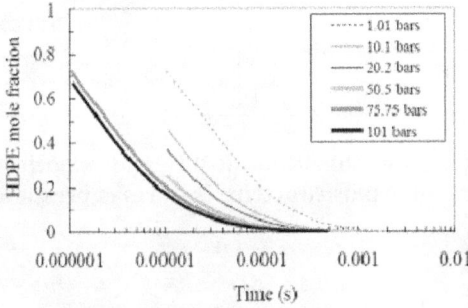

Figure 17. Effet de pression à 1250 K sur le calcul de la pyrolyse du PEHD [78]

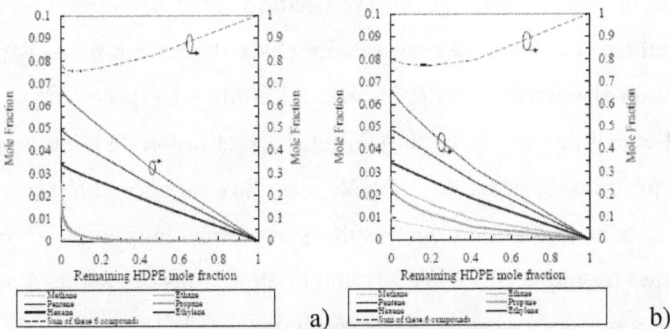

Figure 18. Formation des produits de pyrolyse du PEHD à 2000 K et 1.01 bar (a) et 75.75 bar (b) [78]

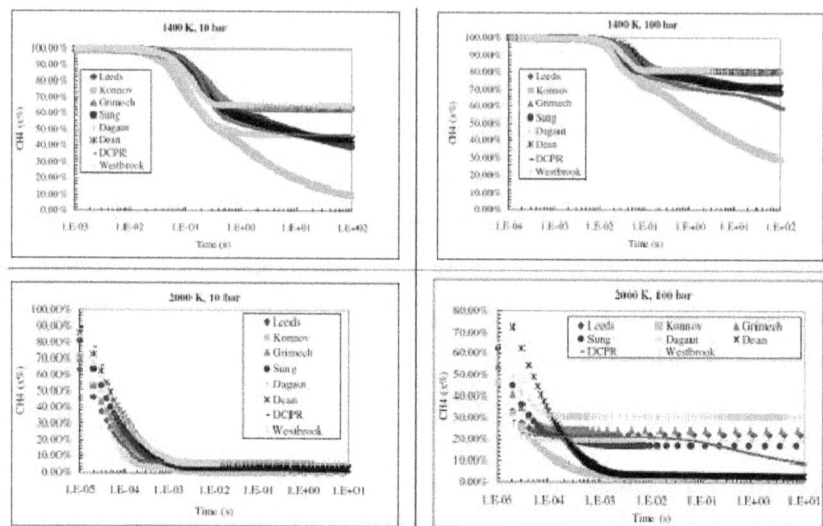

**Figure 19. Comparaison numérique de différents modèles de pyrolyse du méthane pour plusieurs températures et pressions [77]**

Les résultats qui ressortent de l'ensemble des travaux expérimentaux sont une quantification fine et systématique des produits majoritaires (généralement moins de 40 espèces). Le choix de ces composés dépend de l'application visée (étude du dépôt carboné, étude des espèces en vue de leur combustion, étude de l'effet catalytique). La réalisation de bilan de matière sur les produits formés, le contrôle des flux sur les différentes voies d'analyse, la confrontation des résultats expérimentaux avec les résultats numériques (exemple en Figure 20) sont quelques-uns des points d'attention qui visent à renforcer la solidité des résultats.

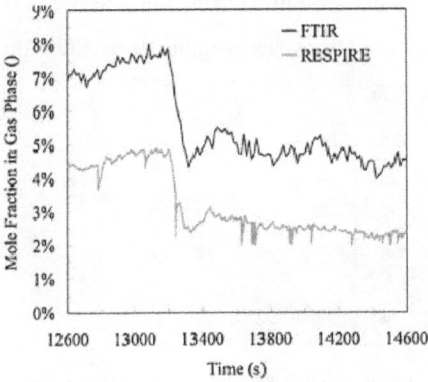

**Figure 20. Exemple de confrontation entre résultats expérimentaux et numériques sur le suivi de la formation du propane lors de la pyrolyse du dodécane en réacteur ouvert [66].**

## 2.3. Effet de la composition chimique de l'hydrocarbure d'étude

La composition chimique initiale du réactif (formule brute et développée) impacte les résultats selon les conditions opératoires. D'abord, la stabilité chimique dépend de la nature de l'hydrocarbure. Le méthane se décompose donc logiquement à une température plus élevée que le polyéthylène en raison des énergies de liaison (liaison C-H du méthane = 105 kcal.mol$^{-1}$ plus forte que C-C = 87 kcal.mol$^{-1}$ et C-H = 98 kcal.mol$^{-1}$; la liaison C=C dans $C_2H_4$ vaut 174 kcal.mol$^{-1}$). Surtout, les espèces formées à partir du dodécane et de l'heptane par exemple sont similaires mais leurs proportions diffèrent fortement [59]. Au point que pour un taux de décomposition semblable, la quantité de gaz produite est plus grande pour l'heptane que pour le dodécane (Figure 21). Cela se retrouve sur la quantification des principales espèces gazeuses formées (Figure 22). De façon très grossière, les écarts observés sur les fractions massiques des produits restent dans un intervalle de l'ordre de 5 mol.% lorsque le nombre de carbone dans la formule brute du réactif liquide varie d'une unité. Pour un matériau solide, l'effet de la formule chimique initiale du réactif est également un paramètre important. En effet, selon la formule brute retenue pour représenter le PBHT[16] (Figure 23), donc indirectement selon le rapport de concentration de chaque atome, les concentrations des produits de pyrolyse diffèrent bien que leur nature ne change pas [67].

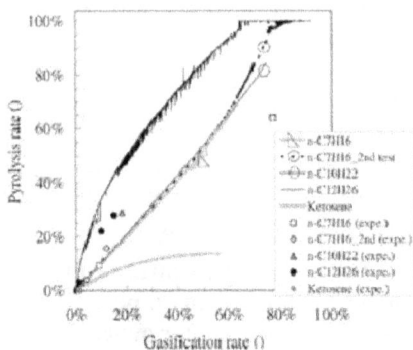

**Figure 21. Calcul et mesure des taux de pyrolyse et de gazéification de plusieurs hydrocarbures [82]**

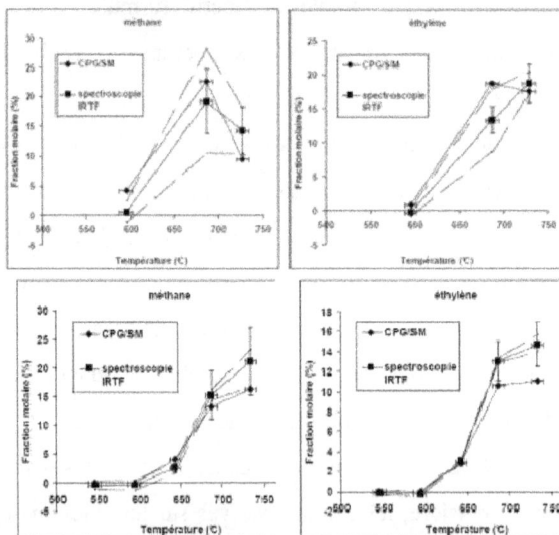

**Figure 22. Suivi en ligne de la formation de composés gazeux lors de la pyrolyse du dodécane [59]**

---

[16] PolyButadiene à Terminaisons Hydroxyl

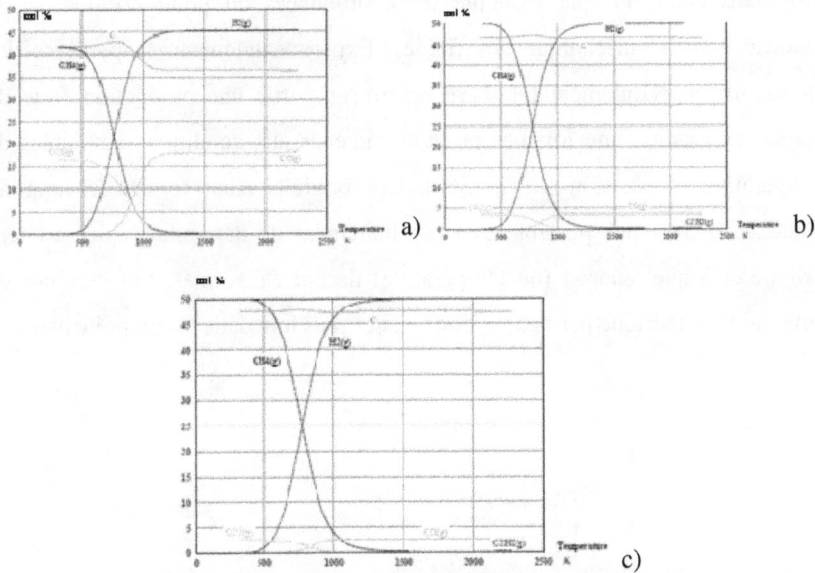

**Figure 23. Calcul à l'équilibre de l'effet de la composition chimique du réactif sur la formation de produits de pyrolyse (a: $C_{12}H_{20}O_4$, b: $C_{28}H_{56}O_2$, c: $C_{39}H_{78}O_2$) [67]**

L'effet de la nature du réactif sur les espèces formées est important car la composition des produits de pyrolyse agit sur la fluidique de l'écoulement (section 2.4 suivante) à travers la modification des propriétés du mélange. L'absence d'écoulement dans la pyrolyse de solides ne réduit pas l'importance des produits formés en raison de l'effet d'atmosphère qui existe (section 2.6).

### 2.4. Effet de la pyrolyse sur les propriétés du mélange et la fluidique

La dégradation des fluides d'étude est liée à la thermique mais aussi à la fluidique à travers le débit massique en cas d'écoulement (temps de séjour). En retour, l'effet couplé de la pyrolyse sur l'écoulement peut être important. La masse molaire du mélange pyrolysé diminue au cours de la décomposition et les propriétés changent (par exemple les coordonnées du point critique). Cela modifie donc la mécanique des fluides. Expérimentalement, la pyrolyse des carburants en écoulement tubulaire montre en sortie une production forte de composés gazeux, une fois ces produits ramenés aux conditions ambiantes de température et pression [5],[59],[60]. Ces produits étant formés le long du réacteur, il n'est pas possible expérimentalement de déterminer quel est leur origine et à quel endroit (ou température) ils ont été formés. Les résultats de simulation numérique permettent donc d'aller plus loin dans la compréhension.

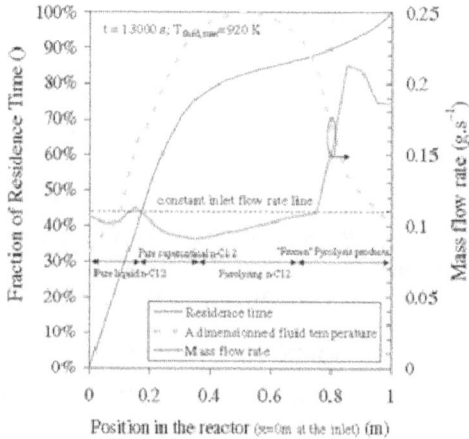

**Figure 24. Calcul des profils thermiques, hydrauliques et chimiques lors de la pyrolyse du dodécane [82]**

Une configuration type de pyrolyse du dodécane, avec un profil de température non uniforme (Figure 24), montre que près de 70 % du temps de séjour est consacré au chauffage du dodécane (sur un cinquième de la longueur du réacteur). Celui reste liquide puis il passe ensuite à l'état supercritique (10 % du temps et un cinquième de la longueur du réacteur). La pyrolyse proprement dite s'effectue pour une température stable sur 30 % de la longueur et moins de 10 % du temps. Enfin les derniers 10 % du temps correspondent à un refroidissement des produits formés sur une distance d'environ 30 % du réacteur. Cela signifie donc qu'une forte accélération a lieu dans le réacteur en raison de la pyrolyse qui présente une vitesse d'écoulement près de cinq fois plus élevée. Les transferts thermiques sont affectés et la réduction du temps de séjour dans la zone où la température est la plus élevée limite la décomposition en réduisant le flux thermique échangé (effets concurrents thermique-fluidique traités en section 2.8).

Cet effet macroscopique de la chimie sur la fluidique a été observé dans plusieurs des sujets de recherche traités ici. Par exemple, pour les écoulements en milieu poreux (Figure 25), une cellule d'essai instrumentée a été réalisée pour y placer de manière étanche un matériau perméable à étudier. Le système, composé de deux chambres, permet d'y placer les capteurs de pression. Ainsi [70], le même phénomène d'accélération en lien avec la diminution de la masse molaire moyenne du mélange a été observé en cas de décomposition (Figure 27). Un indicateur de l'activité chimique et de ses effets sur la fluidique est justement ce facteur de compressibilité (Figure 26) qui intervient dans la loi des fluides réels (Eq. 8). Lorsqu'il dépasse l'unité, la pression croît et influe sur l'écoulement qui accélère pour contrer cet effet. Cet aspect purement chimique a été confirmé en désactivant le calcul des réactions chimiques dans un écoulement à haute température. La variation du profil radial de perméation (entrée/sortie du milieu poreux) est nettement visible entre deux configurations identiques à 1200 K où l'une tient compte de la pyrolyse (Figure 27a) et l'autre pas (Figure 27b). La chimie de pyrolyse accélère donc les écoulements, tant poreux qu'en réacteur tubulaire.

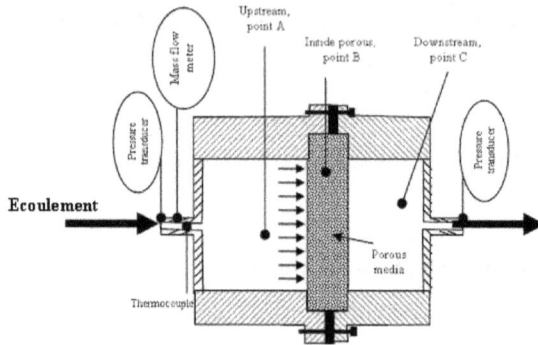

**Figure 25. Schéma de la cellule de perméation pour écoulement en milieu poreux [83].**

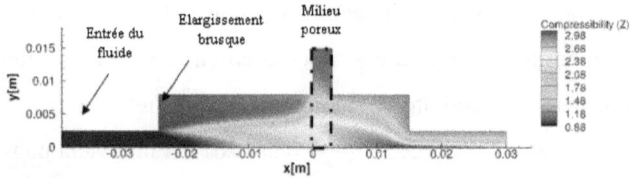

**Figure 26. Profil axisymétrique du facteur de compressibilité dans une cellule de perméation avec en son centre un milieu poreux [70]**

$$\frac{P}{\rho} = Z.R.T$$

**(8)**

où P est la pression, ρ la masse volumique, T la température, R la constante des gaz parfaits et Z le facteur de compressibilité.

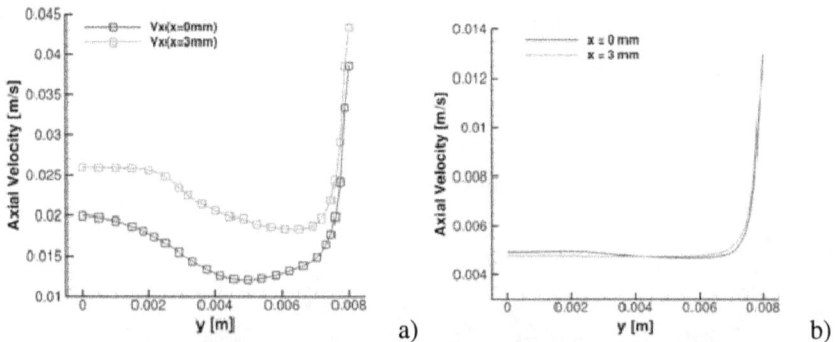

**Figure 27. Profil radial de vitesse en entrée (0 mm) et sortie (3 mm) du milieu poreux à 1200K avec pyrolyse (a) et sans (b) [70]**

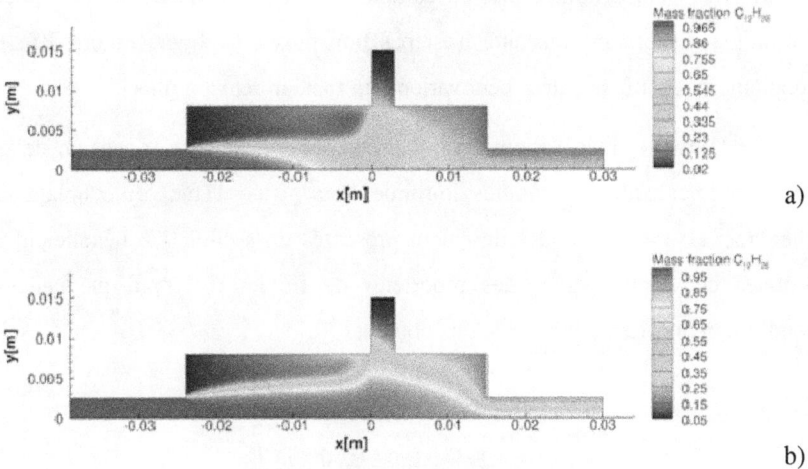

Figure 28. Calcul de la pyrolyse du dodécane à 35 bar et 1200 K avec un calcul des propriétés de fluide idéal (a) et réel (b) [70]

La masse molaire, le facteur de compressibilité et d'autres propriétés des fluides (viscosité dynamique, capacité thermique, conductivité thermique et masse volumique) expliquent donc l'effet de la chimie sur la fluidique. La chimie étant elle-même dépendante de la fluidique, une mauvaise prise en compte des propriétés de fluide réel entraîne alors des erreurs importantes (Figure 28). Un taux de conversion de l'ordre de 60 % en masse est observé en entrée du milieu poreux avec des propriétés de corps pur (Figure 28a), contre 15 % avec celles de fluides réels multi-espèces (Figure 28b), comme cela est confirmé expérimentalement [60].

Cependant, les propriétés physiques n'ont pas toutes le même rôle. Pour un écoulement d'hydrocarbure en réacteur tubulaire (Figure 29), l'effet de la viscosité est plus faible que celui de la conductivité thermique qui, elle, impacte fortement la vitesse d'écoulement en raison d'un échauffement plus important. C'est le profil de température dans la couche limite qui est à l'origine de cette observation. De même, si l'effet de la masse volumique est bien connu et généralement correctement pris en compte, l'effet prépondérant de la capacité thermique à pression constante n'est pas non plus à négliger (Figure 30). En écoulement réactif, sa valeur peut varier d'un facteur deux ou plus [5].

Ceci justifie donc l'approche qui a été choisie dans ce travail en ce qui concerne le calcul des propriétés de fluide. Pour affiner l'étude du couplage des phénomènes, tous les codes de calcul présentés en section 1.2 bénéficient de routines de calcul avancé des propriétés de fluides réels puisque celles-ci conditionnent fortement les résultats obtenus.

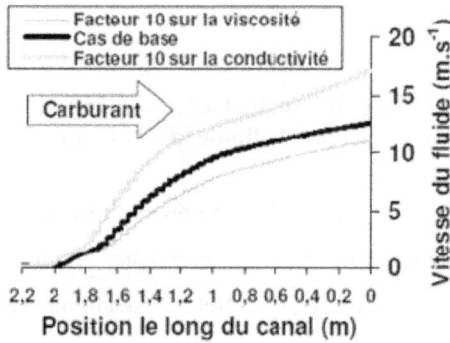

**Figure 29. Effet des propriétés de fluide sur la vitesse d'écoulement du dodécane dans un canal de refroidissement [5]**

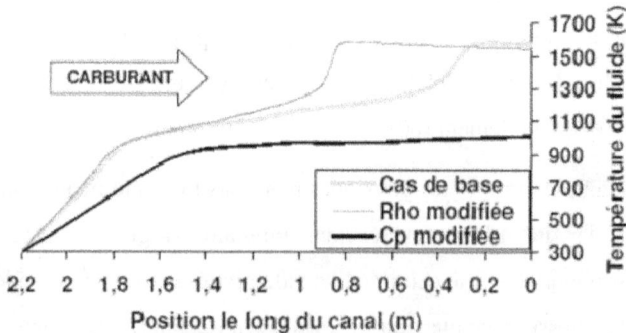

**Figure 30. Effet des propriétés de fluide sur la température du dodécane et de ses produits dans un canal de refroidissement [5]**

## 2.5.  Effet du gradient thermique sur la nature des produits pyrolysés

Le gradient spatial thermique, accompagné de la mise en écoulement, influe sur le profil de décomposition thermique. Contrairement à l'emploi de Réacteurs Parfaitement Agités (RPA), qui présentent une température homogène unique, celui de réacteurs tubulaires plus proches de systèmes réels s'accompagne de forts gradients longitudinaux, d'abord, puis radiaux ensuite. L'effet de ces hétérogénéités thermiques a été mis en évidence expérimentalement en mettant en relief une relation entre la quantité de gaz produite avec celle de produits formés [5]. Deux tendances observées expérimentalement (Figure 16) montrent dans un cas que l'intégralité des produits formés est trouvée à l'état gazeux aux conditions ambiantes de température et pression (tendance linéaire). Dans l'autre cas, les produits sont majoritairement liquides (tendance parabolique supérieure). Le recours à la simulation numérique en réacteur tubulaire, de type piston, a montré une tendance parabolique. La simulation numérique 0-D en RPA donne en revanche une tendance linéaire. Cela est du au mode de chauffage du fluide. Si celui-ci est rapide, l'énergie communiquée pour la pyrolyse est intense et brève ce qui favorise le crackage des hydrocarbures au détriment de leur recombinaison [5]. Ainsi, des produits légers se forment. C'est le cas du RPA. Pour un chauffage plus lent (réacteur tubulaire), des espèces plus lourdes sont obtenues en raison d'un échauffement progressif. Il est à noter que la notion de gradient thermique spatial, couplée à celle d'écoulement, fait intervenir celle de gradient temporel $(K.s^{-1})$ [5].

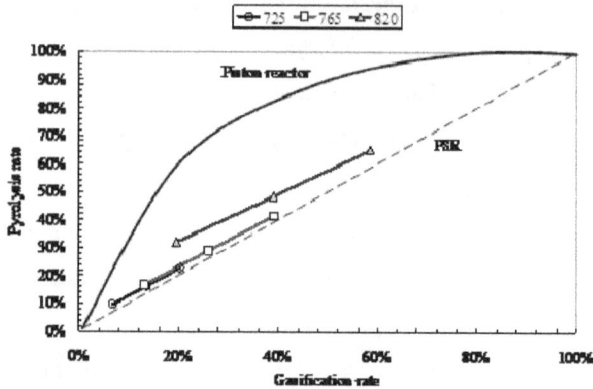

**Figure 31. Positionnement du comportement expérimental de la pyrolyse en milieu poreux par rapport aux cas de type RPA (PSR) et en écoulement (piston) [60]**

Cette tendance a été confirmée dans un autre type d'écoulement, celui au travers un milieu perméable [60],[84]. En effet, expérimentalement, le taux de pyrolyse apparaît pour trois points d'échantillonnage sous trois niveaux thermiques différents, linéairement lié au taux de gazéification (Figure 31). Cela signifie que le milieu poreux peut s'apparenter à un écoulement de type RPA, compte-tenu du temps de séjour long, de la surface de contact importante et de l'homogénéité de l'écoulement à la traversée du milieu poreux. Des calculs en RPA ont également permis de conforter cette hypothèse (Figure 32) et des simulations numériques 2-D plus poussées ont montré l'uniformité du profil thermique à la traversé du milieu perméable ainsi que le brutal incrément thermique à son contact (Figure 33). Le mode de chauffage influe donc sur les espèces de pyrolyse produites. Plus il est intense, plus les molécules produites sont légères. Cela démontre la nécessité de tenir compte du profil hétérogène de chauffe pour simuler les écoulements réactifs. La mise en évidence de la contribution de l'écoulement est aussi montrée puisque les phénomènes chimiques en réacteur tubulaire, parfois, ne peuvent pas être reproduits par un système sans écoulement.

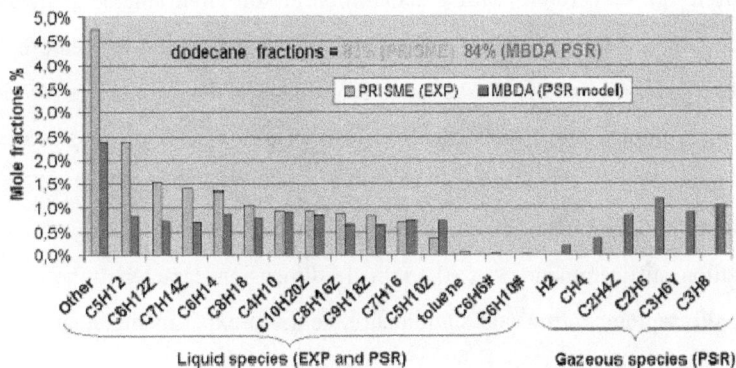

**Figure 32. Similitude des résultats expérimentaux de pyrolyse en milieux poreux avec des calculs en réacteur parfaitement agité [84]**

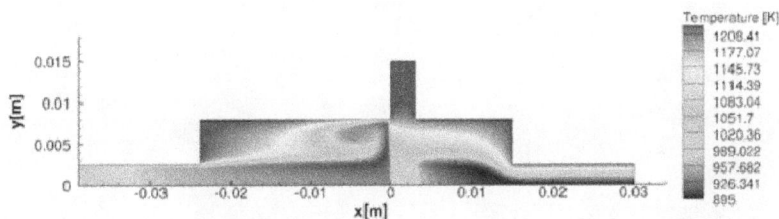

**Figure 33. Champ de température dans une cellule de perméation avec écoulement de dodécane [70]**

L'effet du gradient thermique est mieux connu dans le domaine de l'analyse thermique. Par exemple la pyrolyse du PMMA[17] produit sous un chauffage lent le monomère MMA par réaction de dépropagation (ou de réversion), tandis que son chauffage flash produit majoritairement du $CO_2$, notamment par scission aléatoire de chaîne [67]. Les produits dépendent donc des conditions d'essai; donc des appareillages. Dans le cadre de la pyrolyse de composés solides en ThermoGravimétrie, le taux de chauffage varie généralement de 1 $K.min^{-1}$ à 20 $K.min^{-1}$ [85]. Ajuster le taux de chauffage permet de garantir une meilleure

---

[17] PolyMethylMetaAcrylate

uniformité de température entre l'échantillon et son environnement immédiat. Plus ce taux est faible et plus la cinétique de décomposition est lente et peut donc être étudiée voire modélisée via la détermination des paramètres cinétiques associés. L'emploi d'un pyrolyseur flash permet d'étendre la plage de variation de ce taux de chauffage jusqu'à 20000°C/s, soit 1000°C en 5 ms [47]. Des calculs numériques ont montré que même avec un tel taux de chauffage, un échantillon suffisamment petit (0.1 mm de dimension caractéristique), permet d'atteindre rapidement un état stationnaire, celui vu expérimentalement (Figure 34).

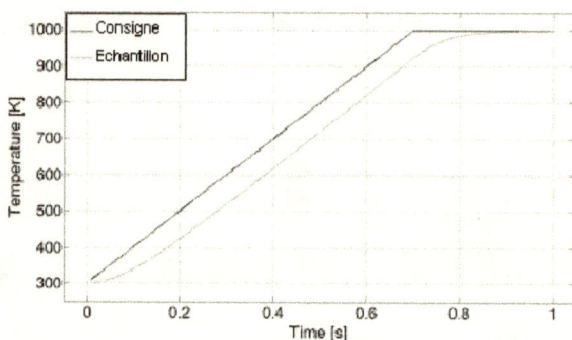

**Figure 34. Echauffement d'un échantillon solide de PEHD dans un pyrolyseur flash [69]**

En attendant un travail expérimental en cours au laboratoire, de premiers résultats numériques concernant le PEHD peuvent être étudiés [68]. Ceux-ci (Figure 35) ont été obtenus avec un schéma cinétique détaillé du PEHD (calculs notés Nemeth, du nom de l'auteur ayant proposé le mécanisme cinétique). Ce schéma a été élaboré sur la base de résultats d'essai en pyrolyseur flash [81]. Les calculs montrent un écart fort avec d'autres résultats expérimentaux de la bibliographie obtenus en ATG[18] (noté du nom de l'auteur : Budrugeac) [85]. Malgré un recalage temporel des courbes expérimentales de pyrolyse du PEHD

---

[18] Analyse ThermoGravimétrique

(temps de montée en température dans l'ATG), la dynamique de pyrolyse diffère compte-tenu du gradient thermique appliqué (Figure 35). Celui-ci est très différent en numérique (flux infini par chauffage instantané) par rapport à celui expérimental (environ 12 K.min$^{-1}$). Le couple temps-température joue donc un rôle prépondérant et cela confirme le besoin d'essais en pyrolyse flash. Il peut être noté que le taux de chauffage dans un propulseur hybride est de l'ordre de $10^3$ à $10^4$ K.s$^{-1}$ et jusqu'à $10^6$ K.s$^{-1}$ en propulsion solide.

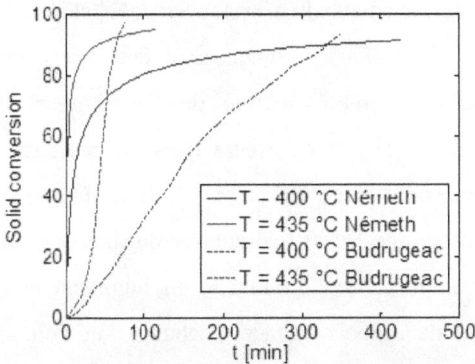

**Figure 35. Taux de conversion de matériaux solides issus de la pyrolyse du PEHD calculés (Németh) et mesurés (Budrugeac) en fonction du temps [68]**

Cela ouvre une voie d'étude dans le cadre de la dégradation de matériaux solides car il semble possible, si cela se confirme, que le taux de chauffage -ou taux de dégagement de chaleur- puisse influer sur la nature des produits formés. Une telle hypothèse permet d'envisager de palier à l'inconvénient majeur du PEHD qui présente un taux de régression trop faible pour des applications aéronautiques [8],[9]. Expérimentalement, cela justifie l'emploi de la pyrolyse flash pour mener des études de dégradation au lieu de l'emploi d'une ATG. A titre d'exemple, la vitesse de chauffage ($10^3$ K.s$^{-1}$ à $10^4$ K.s$^{-1}$ en chambre de combustion hybride) est bien supérieure en pyrolyse flash (20000 K.s$^{-1}$) par rapport à l'ATG (< 1 K.s$^{-1}$). La détermination des taux de dégagement de chaleur en K.s$^{-1}$ est, pour cette raison, devenue un élément important des études conduites ici (comme il sera fait mention en section 3.2).

## 2.6. Réactions hétérogènes en pyrolyse

Deux types de réactions hétérogènes ont été mis en évidence [77],[78]. Le premier correspond à l'effet de surface dans la pyrolyse en phase gazeuse et liquide tandis que le second est lié à l'effet de l'atmosphère gazeuse sur la pyrolyse en phase solide. Macroscopiquement, l'effet catalytique a d'abord été observé pour la pyrolyse du dodécane dans deux réacteurs, l'un en acier et l'autre en acier inoxydable contenant du Chrome et du Nickel (de l'ordre de 15 % chacun en masse dans l'alliage), connus pour leur effet catalytiques [86]. La production de méthane, représentative de l'avancement des réactions de dégradation thermique, décroît nettement dans les réacteurs acier inoxydable 316 L en comparaison à celui en acier standard (Figure 36). Cet effet est important puisqu'il domine l'effet hydraulique du diamètre du réacteur, dont la diminution (par exemple ici de 4.5 mm à 3 mm) augmente la pyrolyse au travers d'un accroissement du rapport surface d'échange sur volume de fluide (plus d'échange convectif avec une hausse de la vitesse débitante). Diminuer le diamètre de passage de 6 mm à 4.5 mm ou 3 mm ne permet donc pas de conserver un taux de production élevé du méthane.

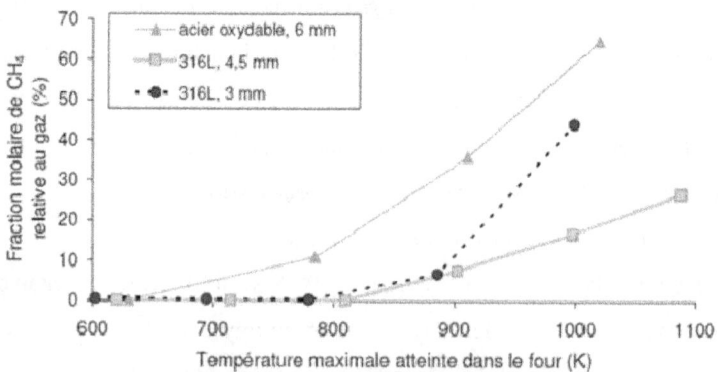

**Figure 36. Effet catalytique du réacteur prépondérant sur celui du diamètre et observé expérimentalement [5]**

Afin de s'affranchir de l'effet du diamètre intérieur, deux réacteurs de dimension identique ont été testés : acier inoxydable 316 L et titane Grade 2 [5]. A nouveau, le taux de pyrolyse très inférieur obtenu avec l'acier montre qu'un phénomène existe; bien qu'il soit difficile à comprendre par ces seules courbes (Figure 37).

De nombreux paramètres interviennent. Outre l'état de surface, difficile à contrôler[19] et surtout à rectifier sur des tubes de grand allongement, les propriétés physiques des matériaux sont différentes. Un effet thermique vient donc s'ajouter à l'effet catalytique[IX]. Le réacteur chauffé extérieurement par rayonnement conduit la chaleur pour chauffer le fluide par convection forcée. L'étape de conduction solide conditionne en partie le flux échangé et les températures en jeu. La conductivité thermique, la masse volumique et la capacité thermique du matériau jouent donc un rôle qu'il est impossible d'isoler expérimentalement. Pour cela, des calculs additionnels numériques ont été menés pour séparer les contributions des phénomènes [87]. Il en résulte que les propriétés (conductivité thermique, masse volumique et capacité thermique) jouent finalement un rôle très faible dans les conditions envisagées [87].

---

[19] L'état de surface peut se déduire de mesures de pertes de charge régulières par la détermination du coefficient de frottement, classique en mécanique de fluides incompressible stationnaire.

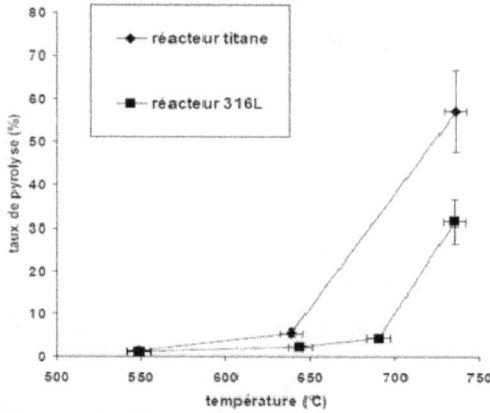

**Figure 37. Effet catalytique expérimental du réacteur pour un même diamètre de passage [59]**

L'effet catalytique s'avère donc être un paramètre important puisque son effet peut être supérieur à celui de l'hydraulique. L'utilisation de schémas cinétiques détaillés de pyrolyse en phase homogène couplée à celle de schémas hétérogènes a alors permis de mieux étudier cet effet de surface [77]. Une valeur seuil de la densité de sites (pour laquelle plusieurs valeurs ont été testées) a été mise en évidence dans la pyrolyse du méthane sur catalyseur en Nickel (Figure 38). Pour de faibles teneurs en Nickel par exemple (comme c'est le cas du réacteur en acier standard), l'effet de surface reste imperceptible. En revanche, des valeurs plus élevées conduisent à des écarts importants par rapport à l'absence d'effet catalytique (Figure 38). Ceci explique donc la différence entre les différents réacteurs. De plus, une production très forte d'hydrogène est montrée en phase gazeuse avec une densité de site élevée. Ceci implique une formation de composés carbonés lourds en phase solide qui se traduit par la production de coke (section 2.7) et qui permet donc de l'expliquer numériquement. D'autres catalyseurs ont montré un comportement similaire.

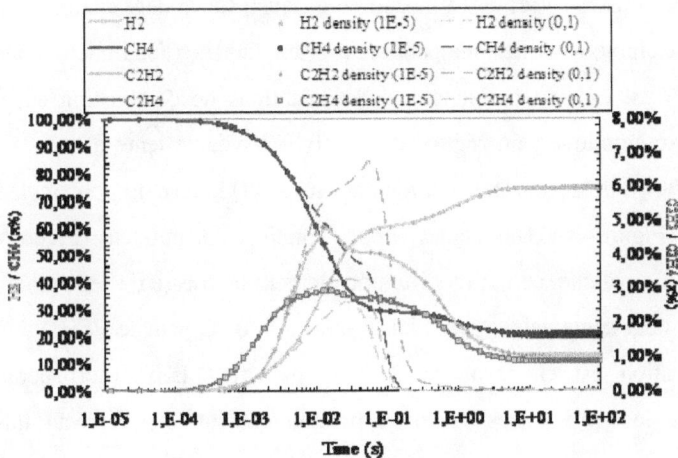

**Figure 38. Calculs de l'effet de la valeur de densité de sites sur la dégradation du méthane [77]**

Un second type de réactions hétérogènes a été mis en évidence expérimentalement lors de la dégradation de matériaux solides. Des essais sous atmosphère inerte et oxydante ont été menés en ATG avec du PMMA (Figure 39) et du polyéthylène. Les paramètres expérimentaux du PMMA sont donnés par la Figure 39a et les résultats de perte de masse par la Figure 39b. La courbe correspondant à l'essai PMMA6 (sous air) est visuellement différente des autres (Figure 39b) alors que la rampe de chauffe est identique à l'essai PMMA2 et PMMA3 (Figure 39a). Elle a été obtenue dans des conditions identiques à celle PMMA3 (rampe de 20°C jusqu'à 1000°C après 3 min à l'ambiante) à l'exception de l'atmosphère qui est sous Argon dans ce cas PMMA3. La décomposition en deux étapes, observée pour tous les essais sous Argon (PMMA2 à 5), laisse en revanche apparaître une étape unique si elle est menée sous air (PMMA6) [78]. De manière similaire, une autre perte de masse brutale (bien que faible) est observée sur l'essai PMMA2 qui a été conduit sous Argon jusqu'à 600°C puis sous air ensuite.

Cela illustre l'effet de l'atmosphère gazeuse sur la dégradation de la phase solide. Compte-tenu des températures assez faibles (notamment pour l'essai PMMA6), il est peu probable que des réactions de combustion apparaissent (effet exothermique); un régime de pyrolyse oxydante lente est mis en avant. Cela a été confirmé par la suite, toujours sous ATG, avec du polyéthylène haute densité (Figure 40). Des étapes supplémentaires apparaissent (Figure 40a) en condition oxydante, ce qui modifie notablement la vitesse de régression (Figure 40b) au-delà d'une valeur seuil, ici d'environ 420 °C pour le PEHD. Une auto-inflammation est en revanche possible pour le PEHD (normalement aux environs de 410°C). Ces études se poursuivent sur le pyrolyseur flash pour renforcer les analyses par une identification et quantification des produits formés.

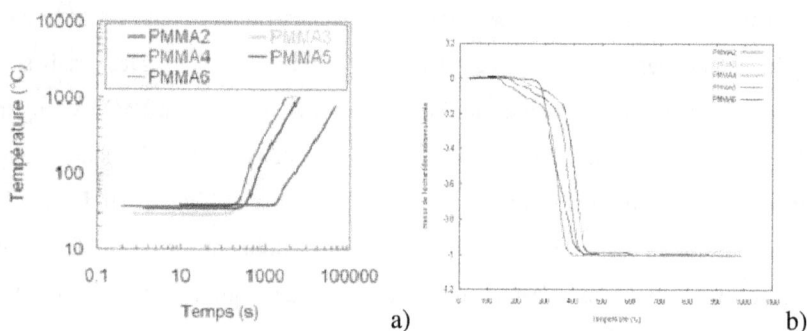

**Figure 39. Paramètres expérimentaux (a) pour l'étude de l'effet des réactions hétérogènes sur la dégradation du PMMA (b) [67].**

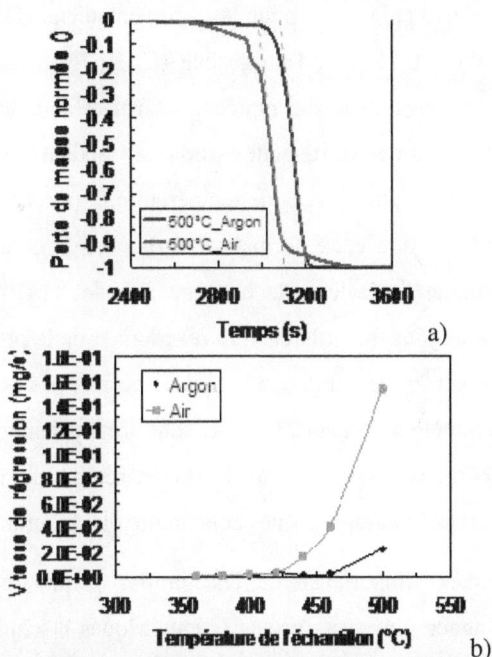

Figure 40. Etapes de dégradation du PEHD selon l'atmosphère (a) et effets de cette atmosphère sur la vitesse de régression (b) [88].

## 2.7. Dépôt carboné solide: origines, conséquences et diagnostics

La décomposition thermique des hydrocarbures entraîne la formation d'espèces plus hydrogénées[20] que le réactif initial, comme l'hydrogène et le méthane. Celles-ci se retrouvent dans la phase gazeuse des produits recueillis en sortie de process (section 2.2). En conséquence, cela s'accompagne de la production d'espèces plus fortement carbonées pour respecter le bilan de masse et le bilan atomique. Le rapport H/C est de 2.17 pour le dodécane. Il passe à 4 pour le méthane et est toujours constant à 2 pour tous les mono-alcènes aliphatiques. Au contraire pour les composés cycliques et les aromatiques, ce

---

[20] selon le rapport H/C du nombre d'atomes d'hydrogène contenus dans la molécule sur celui de carbone

rapport tombe par exemple à 1.2 pour le cyclopentadiene ($C_5H_6$) et 1 pour le benzene ($C_6H_6$) voire 0.71 pour l'anthracene ($C_{14}H_{10}$). La recombinaison, qui peut apparaître entre les radicaux et molécules formées au cours de la pyrolyse, produit des espèces lourdes (fortement carbonées) tendant à se trouver à l'état solide même aux conditions élevées de température et pression. Il a été montré au cours des travaux que cette formation carbonée, le coke, passe par des intermédiaires comme l'acétylène, le benzène puis les HAP [5]. Néanmoins, comprendre microscopiquement le chemin réactionnel de la production du coke n'est pas suffisant sur le plan applicatif car il ne permet pas de connaître l'effet quantitatif des paramètres influents. Ceux-ci sont principalement : les conditions opératoires (température, pression, état du fluide, régime d'écoulement), l'effet de surface du réacteur (nature, rugosité) et la nature du carburant d'étude.

Avant d'estimer l'importance de chacun des paramètres en jeu, il est possible de distinguer plusieurs formes (géométriques et chimiques) de coke. Celui formé dans un réacteur en acier inoxydable (Figure 41a), trouvé en quantités importantes, est composé d'agrégats à forte présence de composés aromatiques volatiles. Celui observé en réacteur acier à faible teneur en carbone (Figure 41b) est très sec et adhère aux parois en fines couches. Enfin, un réacteur en titane conduit aussi à former du coke très sec sous forme de poudre emportée par l'écoulement vers l'aval du process.

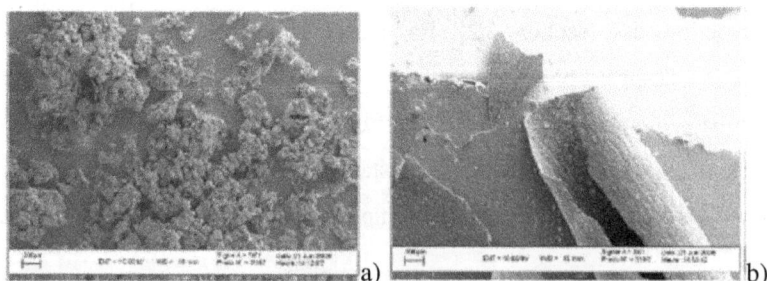

**Figure 41. Formation de coke sous forme d'agrégat (a) et de copeaux secs (b) [89]**

Le coke observé en milieu poreux est à rapprocher de celui trouvé dans le réacteur en acier 316L inoxydable, constitué de fines particules sphériques (Figure 42). Des analyses par spectrométrie infrarouge ont permis de connaître la composition de ces formes de coke et la présence de copeaux secs pour l'acier bas carbone a été attribuée à l'état de surface du réacteur, plutôt qu'à un effet chimique de surface [89]. Des mesures additionnelles (pesées successives, picnomètre, pertes de charge) ont permis de caractériser le coke (masse volumique et perméabilité) [89]. La complexité de ces différents types de coke est liée à la multiplicité des sources de sa production (réactions oxydatives et catalytiques et phénomène thermique et de condensation). Par exemple pour un matériau perméable, des images au microscope électronique à balayage (MEB) couplés à des analyses EDS[21] ont montré un dépôt très fin (épaisseur inférieure à 1 μm) uniforme sur les billes d'acier frittées, ainsi qu'une accumulation de particules sphériques (de l'ordre de 10 μm) dans les porosités. Cela illustre deux sources de formation : respectivement le coke catalytique et celui pyrolytique [84].

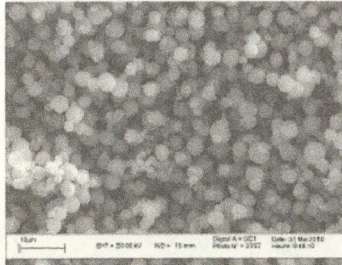

**Figure 42. Constitution du coke par des particules sphériques [84]**

Les conséquences de la formation de coke sont de deux types principalement (Figure 43) : thermique (effet isolant pour des épaisseurs de plusieurs millimètres) et hydraulique (bouchage). L'effet de surface (rugosité et

---

[21] Electron Dispersive Scanning

catalyse) est également impacté. Ces points ont été observés expérimentalement et numériquement dans plusieurs configurations [5],[60].

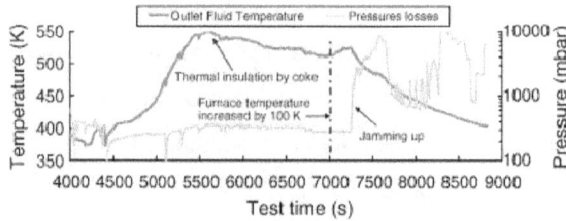

**Figure 43. Effets hydrauliques et thermiques du coke sur le process de pyrolyse en cours d'essai [89]**

L'attrait de l'outil numérique, sur celui expérimental, est de pouvoir quantifier plus finement l'effet du coke sur le système. Ainsi, l'utilisation d'une loi de comportement entre le méthane et la formation de coke, dérivée de mesures empiriques [89], a permis de reproduire l'accumulation du dépôt carboné dans un milieu perméable en acier inoxydable (Figure 44). Un lien entre cette formation solide et les variations de perméabilité du milieu poreux a alors été proposé (Figure 45). Cet effet hydraulique de bouchage se vérifie pour un réacteur tubulaire.

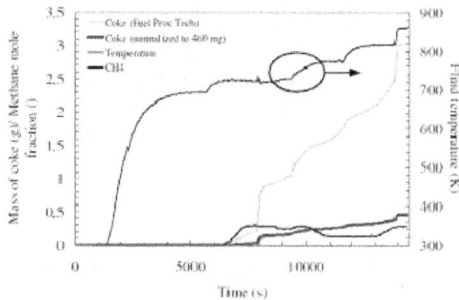

**Figure 44. Estimation par loi analytique de la production de coke [60]**

Un travail numérique a permis de montrer que les écarts obtenus expérimentalement entre deux natures de réacteur (acier et titane) n'étaient pas liés aux propriétés physiques des réacteurs (conductivité thermique, masse volumique et capacité thermique) [87]. L'effet d'isolation thermique du coke a été montré négligeable pour de faibles épaisseurs (de l'ordre du millimètre). Des calculs successifs, via un découplage des phénomènes, ont ensuite montré une élévation de la vitesse de fluide (réduction du temps de séjour) en cas de formation adhérente de coke [87]. L'énergie thermique absorbée par le fluide (Figure 46) étant alors plus faible (réduction des échanges convectifs), le taux de pyrolyse est réduit. Cela explique pourquoi expérimentalement les réacteurs en acier inoxydable 316L présentent une activité de décomposition et de gazéification près de deux fois inférieures à ceux en titane ou en acier standard (comme vu en Figure 36 et Figure 37).

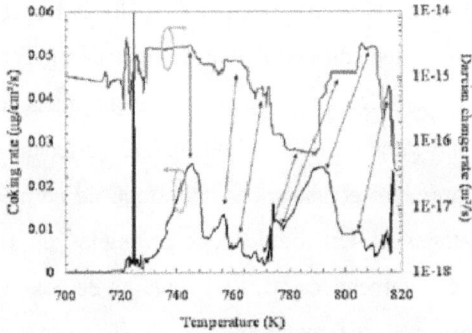

**Figure 45. Corrélation entre formation de dépôt carboné et changement de perméabilité [60]**

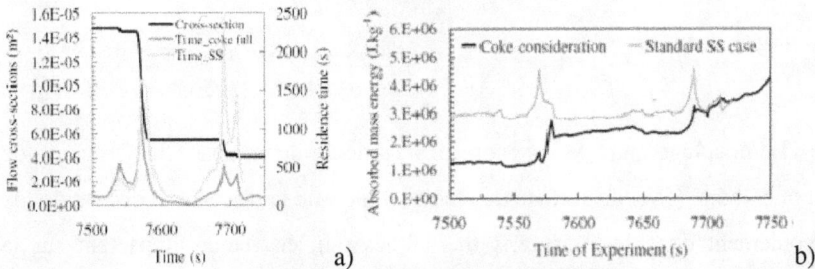

**Figure 46. Effet hydraulique du coke : sur le temps de séjour (a) et l'énergie absorbée par le fluide (b) [87]**

D'une manière générale, sans tenir compte de la production de coke, une étude analytique permet de fixer certains ordres de grandeurs afin de caractériser les phénomènes impliqués. La décomposition en réacteur tubulaire résulte du transfert thermique entre le fluide et la paroi solide chauffée. Une augmentation de débit, par exemple, conduit à une réduction du temps de séjour (diminution possible du flux échangé par une baisse du temps de contact) mais aussi à un accroissement du coefficient d'échange convectif (régime de convection forcée). Ces effets concurrents méritent d'être analysés pour en comprendre l'imbrication et savoir comment agir sur l'écoulement pour influer sur l'effet chimique [5]. Par exemple, le diamètre interne du réacteur est impliqué au dénominateur dans le nombre de Reynolds, en l'exprimant selon le débit massique de fluide (Eq. 9), et dans le coefficient d'échange convectif (Eq. 10) tandis que le Reynolds apparaît dans le Nusselt (nombreuses lois, par exemple de Dittus et Boelter [5]); ce dernier étant au numérateur du coefficient d'échange convectif (Eq. 10). Il en résulte que le flux transféré au fluide est supérieur dans le cas d'un faible diamètre, donc d'une vitesse élevée. Cela malgré l'effet du temps de séjour. Néanmoins, cette première considération théorique ne permet pas d'envisager des variations spatiales et temporelles des propriétés du fluide qui varient fortement dans un écoulement réactif. La formation de coke est un élément de plus qui vient perturber ces paramètres.

$$Re = \frac{\dot{m}.D}{S \times \mu} = \frac{4.\dot{m}}{\pi \times D \times \mu} \tag{9}$$

$$h = \frac{Nu \times \lambda}{D} \tag{10}$$

Le couplage entre les phénomènes s'articule donc ainsi : la formation de dépôt carboné (effet de surface du réacteur) modifie la mécanique des fluides de l'écoulement donc les transferts thermiques qui, en retour, impactent sur la cinétique de pyrolyse. Comprendre ce couplage peut permettre d'agir pour enrayer ce bouclage; par exemple en travaillant sur l'état de surface du réacteur ou sur sa nature (revêtement interne).

Grâce à la compréhension des voies de formation du coke et de ses conséquences pour les procédés, plusieurs moyens de suivi ont été proposés [90]. La dérive dans le temps d'une mesure de température et d'une perte de charge représente un paramètre simple de suivi permettant d'indiquer une activité de cokage. De manière plus fine, une relation analytique entre la production de méthane (très hydrogéné) et le dépôt de coke a été proposée (Figure 47). Un indicateur de cokage, faisant intervenir le temps de séjour dans le réacteur, la durée de l'essai et la température du fluide a également été proposé [89]. Une méthode de mesure directe en ligne par infrarouge a été développée pour permettre une identification et une quantification *in-situ* (Figure 48). Celle-ci est basée sur l'analyse de la pente du signal infrarouge dans une zone déterminée (1740 cm$^{-1}$ – 2640 cm$^{-1}$) [66]. La ligne de base est translatée vers les valeurs d'absorbance croissantes, tandis que l'inclinaison de ce signal est due à l'absorption continue par les particules de coke dans l'écoulement. Ce phénomène est aussi observé dans la littérature [91],[92]. **L'ensemble de ces outils et méthodes permet finalement de mieux caractériser les processus réactifs d'étude et d'apporter une compréhension plus détaillée du cokage et de ses effets.**

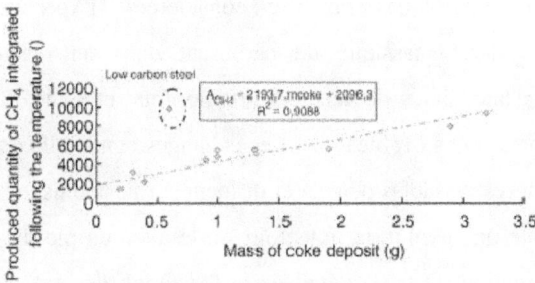

**Figure 47. Relation empirique observée entre la formation de coke et celle de méthane lors de la pyrolyse du dodécane [89].**

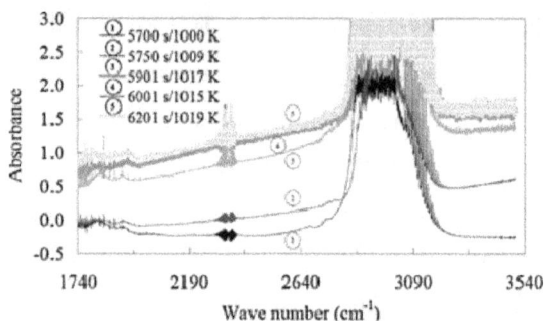

**Figure 48. Modification du signal infrarouge des produits de pyrolyse par le coke [89].**

### 2.8. Etude de la dynamique des phénomènes couplés de pyrolyse

Les différents liens entre la thermique, la fluidique et la cinétique chimique ont été montrés dans les sections précédentes d'un point de vue phénoménologique. Un ordre de grandeur des temps caractéristiques associés peut être proposé. Par exemple, dans le cas d'un écoulement supersonique, l'échelle de temps est de l'ordre d'une milliseconde contre une seconde dans un écoulement à basse vitesse (carburant dans le circuit de refroidissement) et d'une minute pour les transferts thermiques de conduction [5]. Pour mieux déterminer ces temps de réponse, des variations brutales (rampes transitoires) de paramètres hydrauliques et thermiques ont été considérées. Expérimentalement, le doublement du débit massique de carburant dans un réacteur sur 40 s s'accompagne d'une chute de température du four et donc du fluide avant stabilisation après 600 s (Tableau 3). Les échanges conductifs dans le matériau du réacteur sont responsables de cela et influent sur la stabilisation de la chimie. Celle-ci présente une évolution transitoire forte avec un pic de décomposition avant une diminution. Dans le détail de la formation des espèces, l'impact est différent puisqu'une augmentation de la formation d'hydrogène au pic de décomposition est observée, avec une baisse de celle de méthane par exemple, dans des proportions différentes. La chute du méthane, inférieure à un facteur 2, est plus faible que celle de l'éthylène par exemple (près d'un facteur 3). Cela illustre l'effet transitoire qui peut apparaître dans un système couplé.

Ces résultats sont de grande importance car une modulation de débit intervenant en vol sur un véhicule hypersonique refroidi entraînera une modification de la composition chimique, donc de la combustion. Des modifications instationnaires sont à prévoir, ce qui est rarement pris en compte dans la littérature.

**Tableau 3. Effet transitoire d'une rampe de débit sur la pyrolyse du dodécane et les produits formés [5]**

| | Stationnaire 0.04 g.s⁻¹ | Transitoire | | | | | Stationnaire 0.08 g.s⁻¹ |
|---|---|---|---|---|---|---|---|
| | | 5870 s | 7090 s | 7990 s | 9170 s | 11000 s | |
| Température maximale de four (°C) | 647 | 656 | 646 | 644 | 644 | 644 | 620 |
| H2 | 0,09% | 0,05% | 0,17% | 0,09% | 0,03% | 0,00% | 0,00% |
| CH4 | 1,83% | 2,21% | 1,42% | 0,67% | 0,14% | 0,02% | 0,03% |
| C2H4 | 0,87% | 1,33% | 0,55% | 0,24% | 0,03% | 0,01% | 0,02% |
| C2H6 | 2,11% | 2,53% | 1,29% | 0,53% | 0,08% | 0,02% | 0,05% |
| C3H6 | 1,66% | 1,71% | 1,07% | 0,32% | 0,04% | 0,01% | 0,03% |
| C3H8 | 1,63% | 1,60% | 1,06% | 0,35% | 0,04% | 0,01% | 0,03% |
| Taux de gazéification | 10 % | 10 % | 30 % | 14 % | 3% | 2 % | 6 % |

Compte-tenu de ces résultats, une méthodologie de mesure par IRTF en ligne et temps réel non intrusive a été mise en place pour une application future en vol. Celle-ci permet une quantification fine des principales espèces formées afin de suivre l'évolution de la composition du carburant à son injection [59]. En laboratoire, cela permet aussi d'affiner la connaissance de la dynamique de changement de la composition chimique. Par exemple, l'effet de la thermique sur la formation d'hydrocarbures légers gazeux au cours de la pyrolyse en réacteur tubulaire du dodécane a été observé au cours de successions de rampes de température (50 K.min⁻¹) et de paliers (Figure 49). Un retard de l'ordre de 300 s est observé entre l'incrément de température et la modification de la composition chimique en sortie de process. Cette valeur est du même ordre que celle observée ci-dessus pour une autre configuration. Un pic transitoire est également observé sur certaines espèces et des fluctuations avant stabilisation existent (Figure 49).

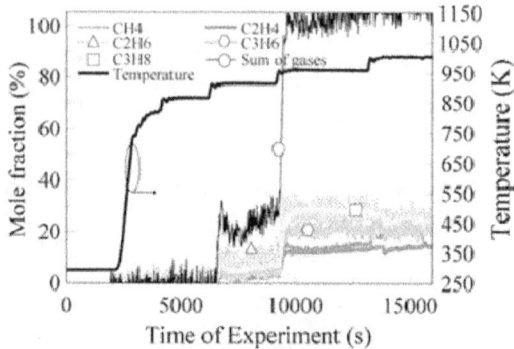

**Figure 49. Suivi expérimental en temps réel de la formation de produits de pyrolyse [65]**

La simulation numérique permet d'affiner ces observations (Figure 50). On note que les variations thermiques lentes du réacteur (périodes supérieures à 200 s liées à la régulation du système de chauffage) se communiquent au fluide avec un temps de réponse faible (moins de 10 s). Ceci explique comment les fluctuations sur la composition chimique apparaissent en sortie de process. L'amplitude de variation de la température du fluide est supérieure à celle du four (Figure 50). Cela traduit une oscillation de la position spatiale où se situe cette température maximum de fluide (qui dépend des instabilités de débit). Le passage d'un état de fonctionnement stable à un autre demande près de 150 s (hors instabilités du process, comme les oscillations de débit) (Figure 20). Ce temps est lié au chauffage du fluide (transferts convectifs et stabilisation de l'écoulement) ce qui montre une adaptation rapide du phénomène chimique aux conditions de température (Figure 51a). Néanmoins, pour des températures plus faibles (Figure 51b), un délai apparaît entre les changements de température du fluide et du taux de pyrolyse. Cela correspond alors au délai d'induction chimique, qui croît avec la baisse de la température du système.

Dans une configuration complète de moteur refroidi [93], des gradients thermiques de l'ordre de 60000 K.s$^{-1}$ ont été observés en chambre (effet chimique) contre un maximum de 350 K.s$^{-1}$ environ en paroi (effet thermique) et de 800 K.s$^{-1}$ pour le fluide refroidisseur (effet sensible physique). Ces valeurs peuvent être comparées à titre indicatif à celles obtenues en détonation (de l'ordre de 10$^8$ K.s$^{-1}$) [75]. De plus, en combustion, la vitesse de formation du radical OH peut atteindre 250 kg.s$^{-1}$ tandis que celle de l'hydrogène en pyrolyse ne dépasse pas 0.14 kg.s$^{-1}$. Ces valeurs permettent donc de hiérarchiser l'importance des phénomènes.

Grâce à cette caractérisation de la dynamique du système, il est désormais possible de savoir quels gradients de débit ou de température peuvent être étudiés et ainsi mieux analyser la réponse de chaque phénomène. Néanmoins, cela ne correspond qu'au banc d'essai utilisé et ces temps n'ont rien d'universel ni de transposable à d'autres systèmes.

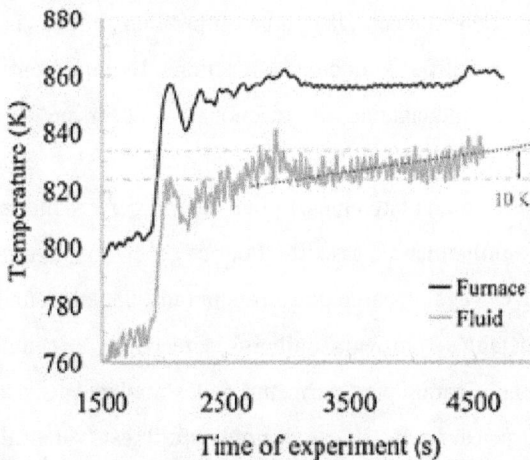

**Figure 50. Estimation par calcul de la température de fluide (en un point donné) selon celle du process [66]**

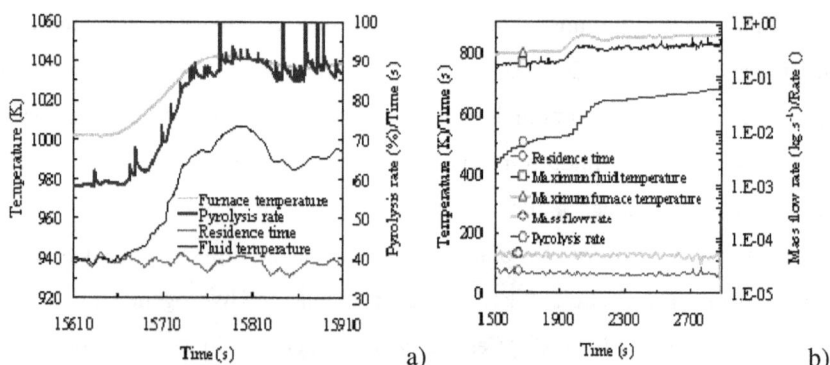

**Figure 51. Calcul du comportement du fluide en cours de pyrolyse pour un taux de conversion de 90 % (a) et 7 % (b) [66]**

## 2.9. Réduction des schémas réactionnels et stratégies de calcul

Compte-tenu de l'implication des phénomènes chimiques dans les processus étudiés et de leur couplage avec la thermique et la mécanique des fluides, leur prise en compte numérique justifie l'usage de schémas cinétiques, préférablement détaillés, bien que cela représente un coût numérique qui peut être rédhibitoire. Généralement, la chimie est prise en compte via une loi globale ou un schéma simplifié à quelques réactions (typiquement une vingtaine d'espèces et une cinquantaine de réactions). Utiliser un schéma cinétique complet pour suivre la pyrolyse permet d'estimer les espèces produites (qualitativement et quantitativement) pour déterminer ensuite leur diffusion et les délais d'auto-inflammation associés. Pour ce second point, un schéma détaillé de combustion est également requis. Néanmoins, la lourdeur numérique des schémas très détaillés (plusieurs milliers de réactions et centaines d'espèces) requiert leur simplification pour permettre de les implémenter dans des codes de calculs multidimensionnels. **Il est à noter qu'il est volontairement choisi comme point de départ un mécanisme détaillé, qui est ensuite réduit. Il aurait aussi été possible de générer *ab initio* un mécanisme simplifié. Cependant, le mécanisme détaillé constitue un point de référence au cours du travail de réduction et cela justifie cette démarche.**

### 2.9.1. Application à la pyrolyse d'hydrocarbures gazeux et solides

Un premier travail portant sur la dégradation thermique du méthane[22] permet d'illustrer la démarche scientifique retenue. Après un important effort bibliographique visant à disposer de schémas réactionnels et de données de validation, une étude comparative des différents mécanismes disponibles a permis d'en estimer la cohérence [77].

Il est intéressant de noter que la recherche n'a pas été limitée aux seuls mécanismes dédiés à la pyrolyse du méthane puisque cette espèce intervient comme sous-produit dans les mécanismes relatifs à des composés hydrocarbonés plus lourds. De plus, les réactions de pyrolyse interviennent dans les schémas d'oxydation (combustion) et ceux-ci sont donc également pris en compte[23]. Un exemple comparatif entre les mécanismes testés est illustré par la Figure 19. Des écarts ont été observés et varient selon les conditions opératoires. Les effets sur la production et la consommation des espèces varient (Figure 52) et la validation par données expérimentales est alors préférable (Figure 53).

---

[22] Du fait de sa masse molaire faible parmi les hydrocarbures, le méthane présente une enthalpie massique de combustion supérieure aux autres hydrocarbures ($50.36$ MJ.kg$^{-1}$). Sa masse volumique est modérément élevée une fois liquéfié (de l'ordre de $420$ kg.m$^{-3}$). Compte-tenu de son approvisionnement aisé et de l'absence d'enjeu sur sa disponibilité à échéance de quelques dizaines d'années, son utilisation est envisagée comme carburant d'avenir pour les véhicules aéronautiques et spatiaux [4]. Son pouvoir endothermique, en plus de l'effet sensible lié à son échauffement et son changement de phase, en fait également un fluide de refroidissement privilégié. Malgré sa formule chimique simple, sa chimie demeure complexe tant en pyrolyse qu'en combustion (plusieurs centaines d'espèces et de réactions) [94]. De nombreux schémas réactionnels existent pour sa combustion [95], [96], généralement dans l'air ou l'oxygène, tandis qu'ils sont moins nombreux en pyrolyse [97],[98].

[23] Ces deux points s'expliquent par la démarche qui est généralement retenue pour générer des schémas réactionnels. Pour un nouveau composé, un logiciel de génération automatique peut être utilisé mais cela présente l'inconvénient de générer des centaines de milliers de réactions qu'il faut ensuite trier. La démarche retenue est donc généralement de s'appuyer sur un schéma existant et de lui ajouter une couche supplémentaire contenant les nouvelles réactions. Ainsi, un schéma de combustion du décane peut contenir celui de pyrolyse du décane et servir donc à cela mais aussi celui de combustion du pentane et celui de pyrolyse associé par exemple. C'est la raison pour laquelle des schémas qui semblent ne pas être liés à la pyrolyse du méthane ont été utilisés dans ce but.

---

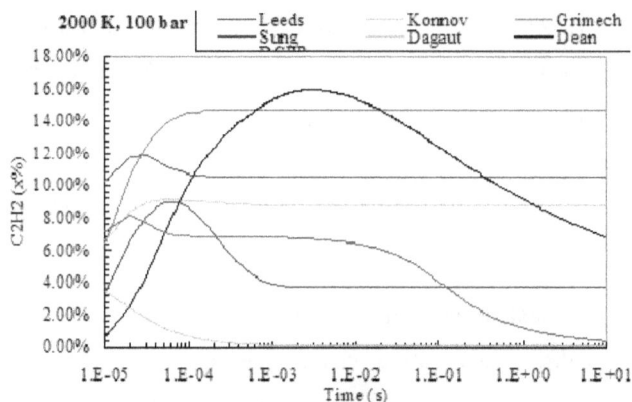

**Figure 52. Comparaison numérique entre plusieurs mécanismes de pyrolyse du méthane sur la formation de l'acétylène à 2000 K et 100 bar [77]**

Le mécanisme proposé par Dean [97] a été sélectionné (291 espèces et 2450 réactions) et une réduction sur cette base a permis d'atteindre une taille de 84 espèces et 244 réactions pour un écart sur la consommation du méthane et la production de l'acétylène de 2 % avec une réduction du coût numérique d'un facteur 5 environ. L'écart au mécanisme original est jugé satisfaisant (Figure 54). L'acétylène a été retenu comme une espèce importante pour son implication dans la formation du dépôt carboné, qui est l'un des objectifs du projet dans lequel se situe ce travail. Les méthodes DR (Detailed Reduction), DRG (Direct Relation Graph) et DRGEP (DRG with Error Propagation) ont été employées de manière combinées.

Le mécanisme réduit ainsi obtenu a été comparé à celui de Sinaki *et al.* [97]. Les auteurs ont utilisé le mécanisme de Dean [97] afin de le réduire et ils ont validé leur nouveau mécanisme comprenant 75 espèces et 244 réactions avec de nouvelles données expérimentales. Sinaki *et al.* considèrent en plus la formation des aromatiques ce qui permet d'aborder le cokage. Un effort supplémentaire de réduction a été entrepris sur le schéma de Sinaki *et al.* (55 espèces et 136 réactions). Un bon accord a été observé, notamment sur les composés aromatiques lourds (Figure 55). Ce mécanisme est celui utilisé ensuite pour l'étude des effets catalytiques (section 2.6).

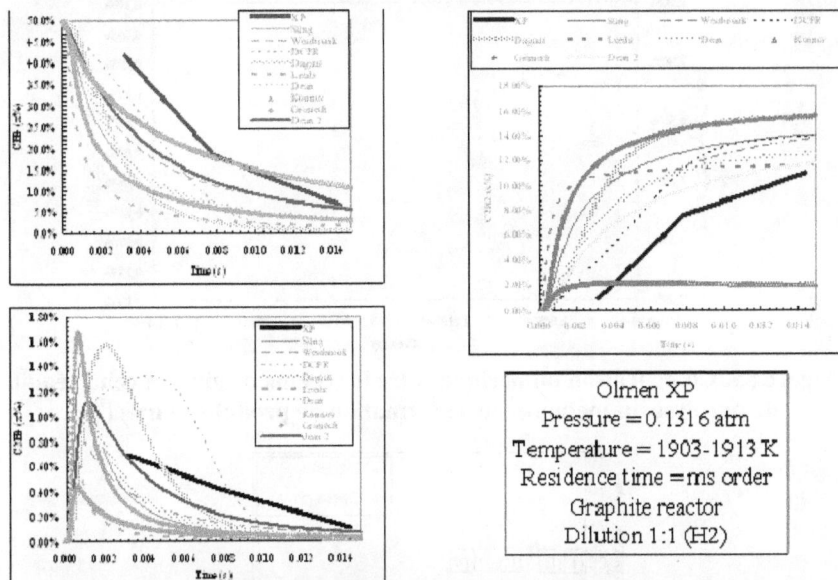

Olmen XP
Pressure = 0.1316 atm
Temperature = 1903-1913 K
Residence time = ms order
Graphite reactor
Dilution 1:1 (H2)

**Figure 53. Validation des schémas cinétiques détaillés par données expérimentales sur la consommation et production de produits de pyrolyse du méthane [77]**

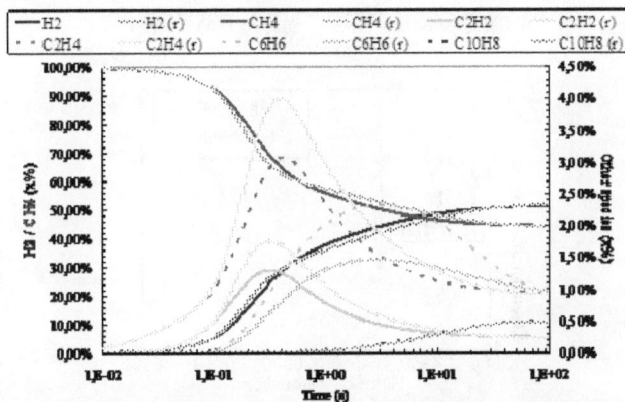

**Figure 54. Comparaison numérique entre le schéma original et celui réduit de pyrolyse du méthane sur la formation de produits légers [77]**

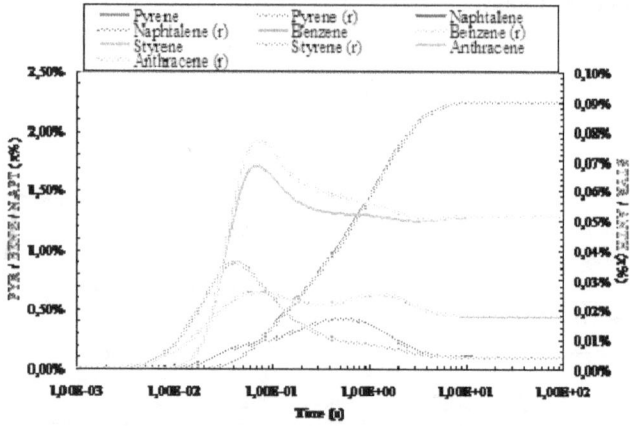

**Figure 55. Comparaison numérique entre le schéma original et celui réduit de pyrolyse du méthane sur la formation de produits lourds [77]**

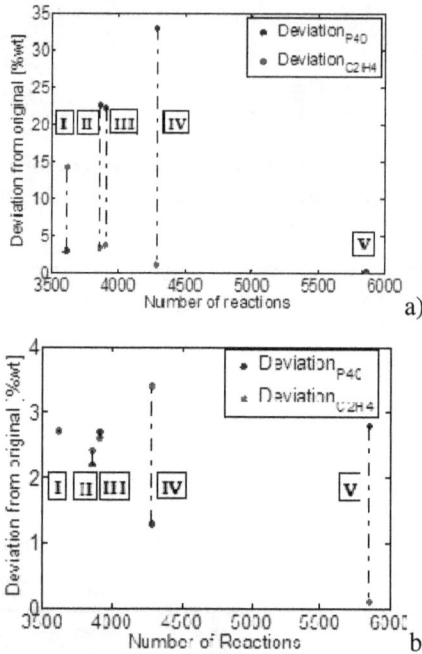

**Figure 56. Ecarts sur la formation de l'éthylène et la consommation du PEHD entre le mécanisme original et ceux réduits à 700 K (a) et 1200 K (b) (Set réactif (I), set combustible (II), set mixte (III), set de combustion (IV) et sans set d'espèces (V) [68]**

Un même travail de réduction a été entrepris pour étudier la dégradation du PEHD [68]. L'impact du choix de la méthode et des critères associés a été observé sur la taille du mécanisme obtenu et sa précision [68]. Plusieurs ensembles d'espèces chimiques ont été définis et le travail de réduction a porté sur ceux-là afin de garantir la précision et la compatibilité du nouveau schéma avec un autre de combustion. On observe que la précision des mécanismes n'est pas nécessairement liée à leur taille (Figure 56). Les critères de validité pour ce travail ont été la production d'éthylène et la consommation du PEHD (Figure 57a). Reproduire la dynamique des phénomènes couplés hydraulique-thermique-chimique passe par la bonne représentation des délais d'induction chimique de formation des produits (Figure 57b à d).

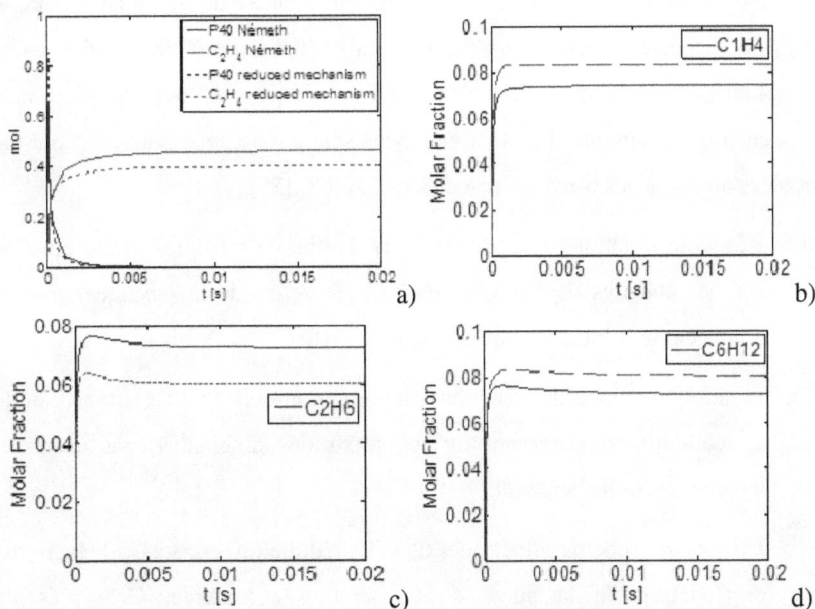

**Figure 57. Formation et consummation des produits et réactif à 1200K [68]**

Cette démarche de réduction cinétique permet de disposer de mécanismes adaptés au besoin (consommation du réactif, production de certains produits, dynamique des phénomènes, effet endothermique). Ceux-ci sont élaborés pour reproduire finement l'effet chimique et répondent à des contraintes numériques de taille du mécanisme (nombre d'espèces et de réactions) pour assurer un coût numérique minimum mais avec une description physique optimum.

### 2.9.2. Stratégies d'implémentation de schémas détaillés en outil CFD

Le besoin de cinétique chimique est clair mais les contraintes de coût numérique des outils CFD le sont aussi. Par conséquent, différentes stratégies concurrentes ou complémentaires peuvent être mises en place pour permettre de prendre en compte les réactions chimiques dans des outils complexes. Certaines méthodes existent déjà comme celle de la tabulation dynamique de la chimie qui constitue des tables au cours du calcul CFD sur la base d'un mécanisme détaillé [99]. Cette méthode ISAT (In-Situ Adaptative Tabulation) permet des gains numériques de plusieurs ordres de grandeur en comparaison avec le calcul brut de la cinétique chimique. D'autres méthodes sont aussi envisageables et ont été abordées au cours des travaux présentés ici [5],[68],[75],[76] :

o Résoudre la chimie (pas de temps de l'ordre de quelques nanosecondes) sur des échelles de temps différentes de celles de la physique (pas de temps environ mille fois plus grand).

o Prendre en compte les réactions chimiques au-delà d'un certain niveau de température en observant qu'aux conditions ambiantes, par exemple, aucune réaction n'apparaît.

o Utiliser des schémas cinétiques de taille réduite (20 espèces, 50 réactions) en fonction de la plage de température considérée. Cela présente l'avantage de renforcer la précision de ces mécanismes puisqu'ils ne sont pas utilisés loin de leur point de conception. Cependant, il faut ensuite vérifier que ceux-ci sont consistants entre eux pour assurer la conservation des atomes et de la masse.

o Constituer des tables de composition chimique en fonction des conditions au cours du calcul numérique pour les exploiter; lorsqu'un autre calcul dans des conditions proches est nécessaire.

Ce travail pourrait se poursuivre à l'avenir (projet ANR-2011 retenu en liste complémentaire). De telles stratégies de calcul présentent l'avantage de pouvoir être utilisées pour des schémas de combustion.

## 3. Combustion : caractérisation et couplage

Compte-tenu de l'aspect propulsif des applications visées ici, la combustion est un domaine d'étude qui a été abordé sous deux aspects principalement : l'estimation des délais d'auto-inflammation et la répartition spatiale du flux de chaleur engendré. Le caractère multi-espèces des carburants étudiés, en raison de leur pyrolyse, impacte fortement la combustion. Celle-ci se caractérise par un délai d'induction chimique, une vitesse de flamme et une température adiabatique de fin de combustion (entre autres); qui ne sont pas nécessairement liés. Le délai d'auto-inflammation pour des applications telles que la propulsion hybride et le super-statoréacteur est sans doute un élément clef puisqu'il conditionne la position de la flamme, donc la répartition des flux thermiques dans le système. Pour une même température, le délai d'auto-inflammation varie de plusieurs ordres, entre de l'hydrogène et du méthane par exemple, tandis que d'autres espèces ou radicaux ont un comportement intermédiaire [5]. Pour une même espèce, ce délai varie tout autant lorsque la température initiale du mélange évolue. Grâce à la connaissance fine de la composition chimique du combustible au travers des études abordées ci-dessus, l'estimation de la combustion permet non seulement de mieux comprendre la phénoménologie et le couplage qui peuvent exister, mais aussi d'en tirer en régime transitoire des valeurs quantitatives pour les applications visées.

### 3.1. Amorçage de la combustion : paramètres clefs

La température initiale du milieu est un des paramètres pilotant les phénomènes de combustion. Elle influe directement sur la température de fin de combustion et sur les paramètres associés, comme la pression dans le cas d'enceintes fermées (Figure 58).

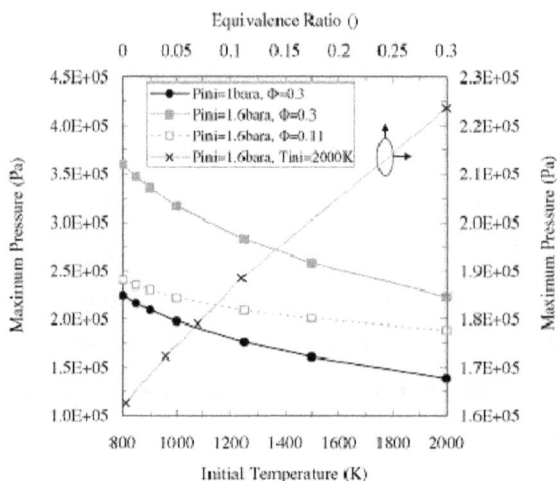

**Figure 58. Calcul de la combustion du kérosène: effet des paramètres influents [74]**

La thermique est aussi impliquée dans la dynamique des phénomènes au travers du délai d'auto-inflammation (Figure 59). L'utilisation d'un mécanisme de combustion du kérosène [100] fait apparaitre deux délais, le premier d'induction chimique lié à la pyrolyse du réactif (Figure 59a) et le second lié à sa combustion (Figure 59b). Par une prise en compte fine des réactions de combustion, il est alors possible de bien décrire le processus d'amorçage qui est piloté en priorité par ces délais d'inductions chimiques [74]. Le temps de combustion (temps de consommation du réactif) est aussi important puisqu'il pilote certaines des données macroscopiques comme la violence d'une combustion en réservoir fermé, au travers de la pression d'explosion et de son gradient temporel [74]. Ce délai d'explosion est lié à l'énergie apportée, à la richesse et aux conditions opératoires principalement (Figure 60). Sur la base de ces travaux, des lois analytiques ont pu être proposées afin d'être implémentées dans un code de calcul pour définir la vulnérabilité des réservoirs d'avions et les dimensionner en conséquence [101]. D'autres paramètres géométriques comme le volume du système peuvent aussi être pris en compte. **L'atout majeur de la cinétique chimique a été d'étudier spécifiquement l'amorçage mais l'inconvénient direct, lié à la lourdeur du mécanisme détaillé, est de ne pas pouvoir le faire sur des temps longs pour simuler la propagation de la flamme dans le système fermé.**

Cette approche a donc permis d'établir des lois analytiques de comportement de la combustion. Celles-ci sont spécifiques au cas d'étude présent mais elles illustrent comment modéliser la combustion pour proposer, à terme, un modèle global de fonctionnement du moteur hybride ou statoréacteur afin d'implémenter des stratégies de contrôle.

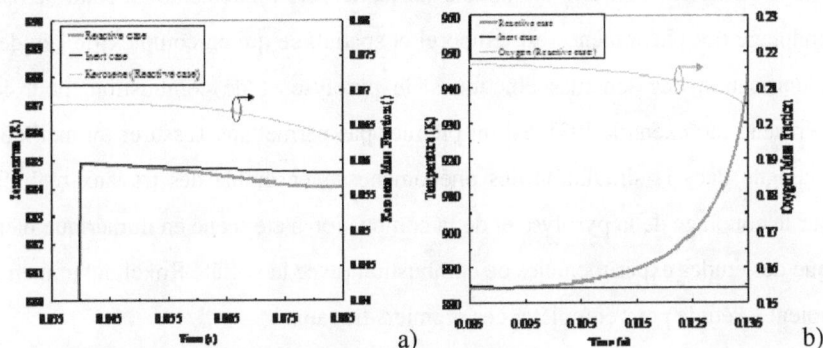

a)                                                                    b)

**Figure 59. Effet endothermique de pyrolyse (a) et exothermique de combustion (b) [74]**

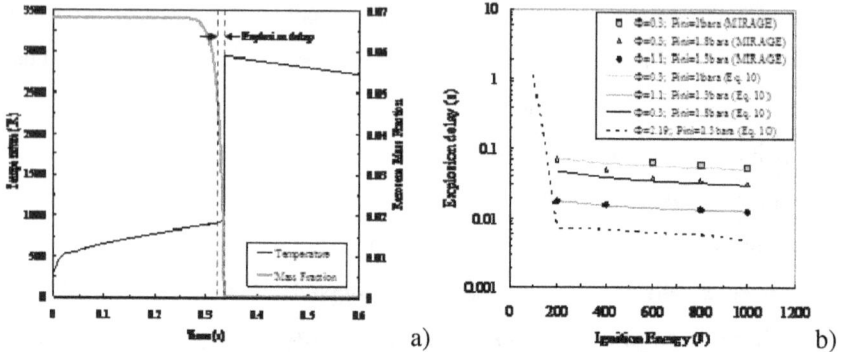

Figure 60. Délai d'explosion (a) et son évolution selon différents paramètres (b) [74]

## 3.2. Combustion de produits de pyrolyse: couplage en vu du contrôle

La pyrolyse impacte la combustion selon les espèces formées et une rétroaction apparaît dans les problématiques traitées ici puisque le flux thermique de combustion est évacué au travers des réactions endothermiques de dégradation. Il est nécessaire de comprendre ce lien et de proposer des relations simples afin de construire un modèle sur lequel sera implémenté un contrôle. Le couplage des phénomènes est temporel et spatial; ce qui en complexifie l'étude. L'unification des schémas cinétiques de pyrolyse et de combustion, pour le kérosène par exemple [93], est un premier pas permettant d'assurer un meilleur dialogue dans la simulation des phénomènes. L'ensemble des travaux réalisés sur le couplage de la pyrolyse et de la combustion a été mené en numérique bien que des études expérimentales de combustion (avec la société Roxel notamment) soient à l'étude pour compléter ces premiers travaux.

En propulsion hypersonique, la distribution des produits a été observée spatialement dans le canal de refroidissement et la chambre de combustion (Figure 61). Pour cela et dans un premier temps, la thermique de la chambre de combustion a été figée. Les zones de réactions ne coïncident pas longitudinalement en raison des vitesses d'écoulement (trois ordres de grandeur d'écart), en raison de la paroi qui sépare les deux écoulements (diffusion de la chaleur) et en raison des constantes de temps des réactions, qui peuvent être très différentes. A l'injection de carburant dans le moteur, une décomposition thermique apparaît encore avant l'allumage (comme observé en Figure 59). Le calcul complet de la chambre de combustion (thermique et chimie) a montré que la combustion se stabilise dans la chambre à une position qui dépend du débit d'air, de sa température d'entrée et du débit de fluide [93]. Ces paramètres sont donc à prendre en compte dans le modèle à construire.

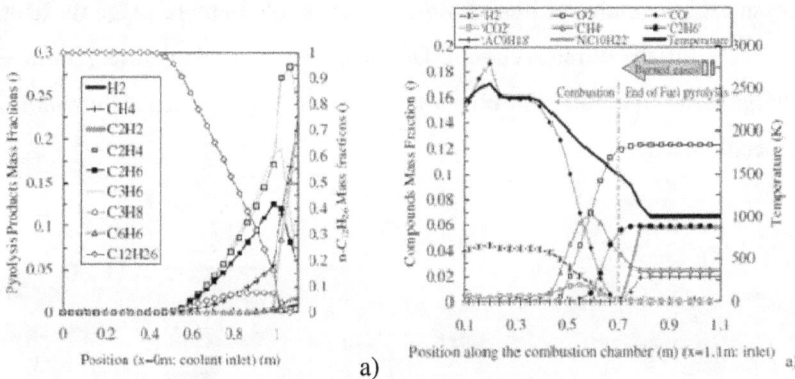

a)

**Figure 61. Profils spatiaux de pyrolyse (a) et de combustion (b) [82]**

Des variations de débit de carburant ont ensuite été simulées. Dans certains cas, la combustion peut s'arrêter si le carburant n'est pas assez décomposé à son injection en chambre et que le délai d'auto-inflammation devient trop grand (Figure 62). Cela correspond au cercle de régulation présenté en Figure 6. Néanmoins, les constantes de temps des phénomènes jouent un rôle d'amortisseur de variation des phénomènes et peuvent palier ce type de situation (Figure 63). L'augmentation de débit se traduit par une température en chambre plus élevée (Figure 63a) quand la richesse tend vers l'unité (un débit de 100 g.s$^{-1}$ correspond à la stœchiométrie). L'existence de points chauds en face chaude de paroi assure la combustion dans la gamme de débit considérée (Figure 63b). La paroi temporise les changements brusques grâce à son inertie (transferts conductifs). La température du carburant décroît par effet sensible (Figure 63c).

Le taux de pyrolyse diminue. Le délai d'auto-inflammation est peu impacté en raison du niveau thermique élevé en entrée de chambre. Finalement, des lois analytiques peuvent être proposées pour relier les évolutions des différents paramètres (Figure 63d). D'autres relations ont été trouvées entre le temps de séjour dans le canal, le débit de carburant, la température de fluide en sortie avant injection en chambre et la température de face chaude [93].

**Cependant, ces observations doivent être tempérées puisque cette analyse est transitoire et donc uniquement valable pour la plage de temps considérée (moins d'une seconde). De plus, un travail dans une gamme de mélange riche pourrait conduire à la conclusion opposée en s'éloignant de la stoechiométrie.**

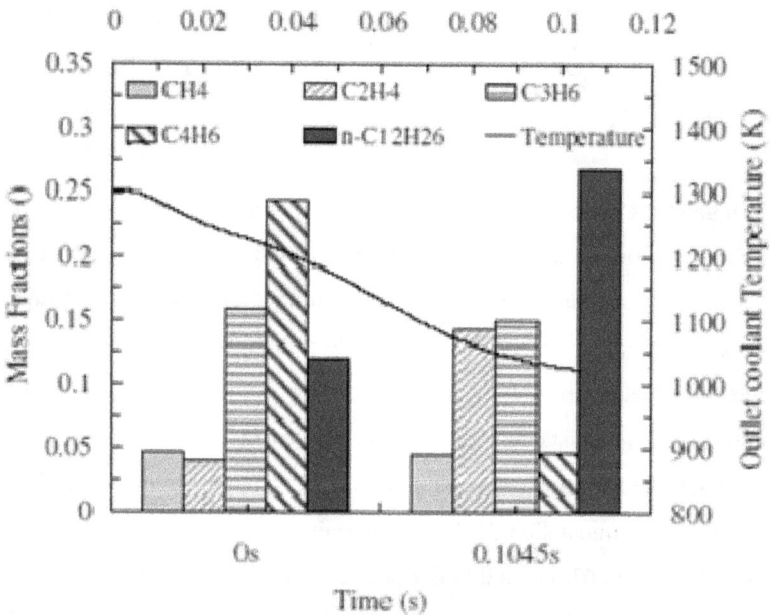

**Figure 62. Chute de la température du fluide refroidisseur et baisse du degré de pyrolyse [82]**

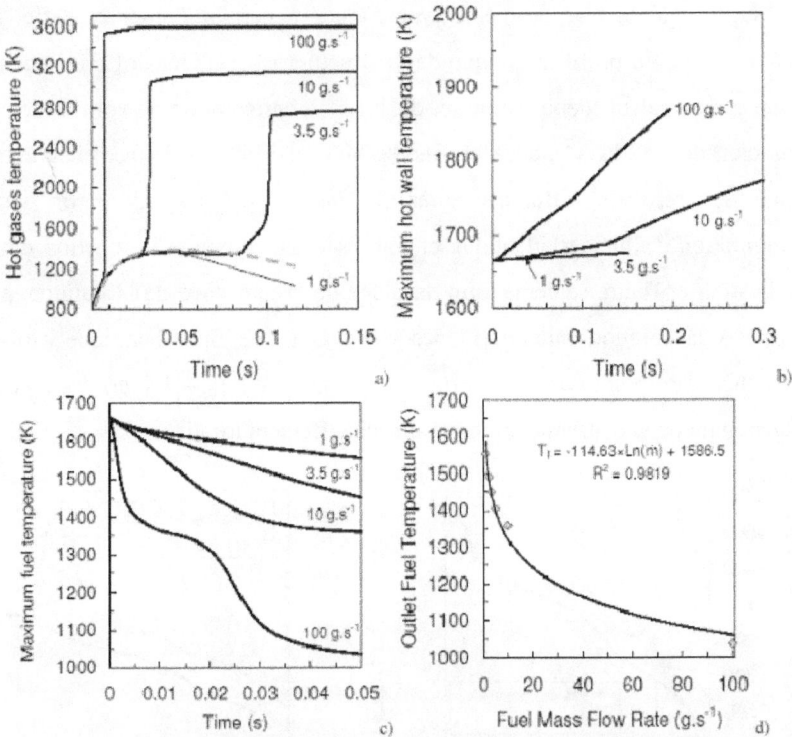

**Figure 63. Température en chambre de combustion (a), élévation de la température de paroi chaude (b), refroidissement de celle du fluide (c) en fonction du débit de carburant et relation analytique associée (d) [93]**

## 3.3. Travaux complémentaires de caractérisation de la combustion

ⵔ L'intérêt de la cinétique chimique sur l'approche à l'équilibre thermodynamique a été montré en pyrolyse (section 2.1). En combustion, cela a aussi fait l'objet d'études [67]. Le besoin de déterminer le délai d'auto-inflammation est apparu comme prépondérant. L'approche à l'équilibre n'a donc pas été retenue. Le délai d'induction s'est aussi révélé important dans d'autres travaux, comme ceux liés à l'étude de la transition déflagration-détonation [75]. Ceux-ci portaient sur l'effet du gradient thermique appliqué à un mélange gazeux pour en favoriser la détonation. Enfin, dans la chambre supersonique d'un super-statoréacteur, le même type d'étude a permis d'observer l'effet de l'hétérogénéité du profil thermique de la structure sur l'allumage [93]. Pour un même cas de calcul (débit carburant de 1 g.s$^{-1}$, configuration de vol à Mach 6, débit d'air de 1.42 kg.s$^{-1}$), deux profils thermiques différents de face chaude ont donné des résultats différents après 50 ms (Figure 64). A partir d'une configuration d'allumage identique et stabilisée, l'un entraîne l'extinction de la combustion et l'autre seulement un décalage de l'accrochage de la flamme, par rapport à la solution initiale (Figure 64b). Outre le flux thermique global, l'existence d'un point chaud important sur la face (0.8 m – 1.1 m) entraîne la réduction du délai d'inflammation par un échauffement localisé.

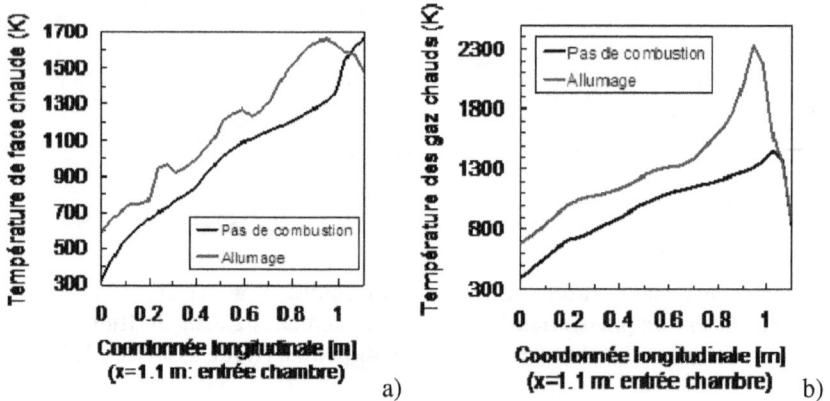

**Figure 64. Profils thermiques de face chaude dans une chambre supersonique (a) et conséquence en termes d'allumage (b).**

ୠ De façon prospective, une étude sur l'oxydation de particules d'aluminium a été conduite pour permettre à terme de générer des lots de poudre dont le taux d'oxydation est maîtrisé [102]. Sur le plan propulsif, l'addition de particules d'aluminium est connue pour accroître la température de combustion, par exemple dans les propergols solides. Employer des poudres dont le taux d'oxydation varie permettrait d'agir sur le délai d'auto-inflammation de celles-ci. Cela servirait à contrôler la vitesse de régression pour maintenir un débit constant, malgré l'accroissement de la surface du solide au cours de son fonctionnement. Cela représente également un enjeu technologique puisque, dans les études de risque, ce taux joue directement sur la réactivité des poudres, par exemple dans un environnement industriel. Cette étude a donc permis de montrer la faisabilité d'oxyder des lots de poudres par électrochimie, en menant une étude paramétrique sur les paramètres clefs (densité de courant, temps de traitement, concentration de la solution, agitation). L'homogénéité des lots, la quantité d'oxyde déposée selon la granulométrie des particules et l'épaisseur de cette couche périphérique d'oxyde d'aluminium ont été observées [102].

Ces travaux annexes ouvrent des voies d'étude dans la génération de lois analytiques macroscopiques pour déterminer l'existence de combustion et ses caractéristiques. D'autres travaux en cours portant sur la comparaison de la diffusion inter-espèces entre loi de Fick et loi multi-composants serviront tant en combustion qu'en pyrolyse par exemple pour prédire une distance entre front de flamme et interface solide-gaz. L'effet du flux d'oxydant (soufflage) et de la pression dans le système seront des paramètres à prendre en compte. Néanmoins, les premiers résultats de ce travail en cours montrent un effet plutôt modéré de la diffusion en milieu poreux sur la production de l'hydrogène et la consommation du réactif (dodécane) (Figure 65, commentée ci-dessous).

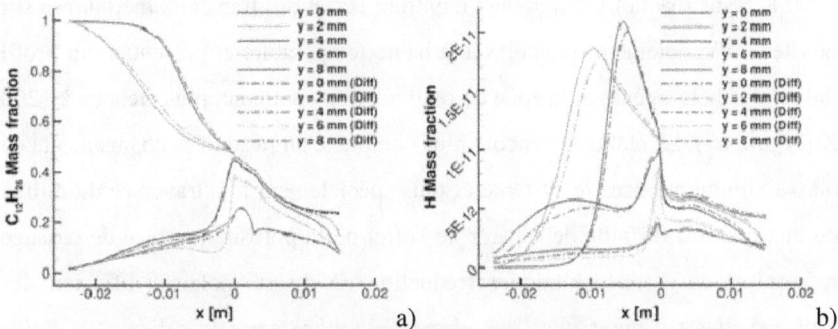

**Figure 65. Effet de la diffusion multi-espèces sur le profil de pyrolyse du dodécane (a) et de formation de l'hydrogène (b) [70]**

La Figure 65 compare la répartition de deux espèces chimiques (réactif et produit) avec et sans diffusion le long de la cellule de perméation et pour plusieurs positions notées $y$ (décrite sur la Figure 25 avec les coordonnées cartésiennes présentées sur la Figure 26). Les courbes indicées "(Diff)" tiennent compte d'une loi multi-composants sans que cela ne remettre profondément en cause les résultats.

## 4. Transferts et transports en milieux poreux

### 4.1. Effet des transferts thermiques sur la perméation

Les transferts thermiques en milieu poreux sont complexes du fait de la possible hétérogénéité du milieu et du couplage fluide-structure qui reste complexe à investiguer en raison des échelles mises en jeu. Expérimentalement, le comportement d'écoulement (relation perte de charge – débit), au travers les matériaux métalliques et composites perméables considérés, s'est avéré indépendant de la température du système jusqu'à 1200 K (Figure 66). Cela s'explique par une dilatation très faible des matériaux, même dans ces conditions extrêmes [84]. Numériquement, deux écoulements de dodécane à 300 K et à 1200 K (sans réactions chimiques) montrent l'effet des transferts thermiques sur la vitesse d'écoulement (plus élevée à haute température et présentant un profil radial plus hétérogène) et la zone de recirculation en amont, plus étendue à 1200 K (Figure 67). La réalité est encore plus complexe en raison des changements de masse volumique dans le système et plus spécialement à la traversée du milieu poreux qu'il est difficile de séparer de l'effet de la porosité (surface de passage réduite) et des effets chimiques (réduction de masse molaire, diffusion des espèces). *Il est à noter que l'hypothèse d'équilibre entre le solide et le fluide dans le logiciel CFD Fluent utilisé (qui traite le milieu perméable comme une phase fluide unique) ne permet pas d'étudier finement le mode de transfert thermique entre les deux entités et donc d'en affiner la compréhension.*

L'hétérogénéité spatiale de la température tant dans le fluide que dans le solide contribue à la complexité des études. Expérimentalement, compte-tenu de l'échauffement du milieu perméable par sa périphérie, une couche limite thermique dépendant de la vitesse d'écoulement de fluide a été observée (Figure 68). Une coloration du matériau a ainsi pu être mise en lien avec la température maximale atteinte [84]. Numériquement, cet essai réactif avec le dodécane a été reproduit [70]. Un gradient similaire, avec une couche limite thermique d'une taille très proche, a été calculé malgré une température au centre du milieu poreux plus élevée (Figure 69). Ce gradient tend à être linéaire dans le solide seul (sans écoulement) et parabolique dans le fluide (couche limite thermique et convection). Il a été observé que plus l'épaisseur du milieu perméable est grande, plus le profil thermique en sortie du milieu est linéaire. Les mêmes conclusions s'imposent quand la vitesse du fluide décroît. **Cela suppose cependant un équilibre entre phases fluide et solide, ce qui reste à démontrer.**

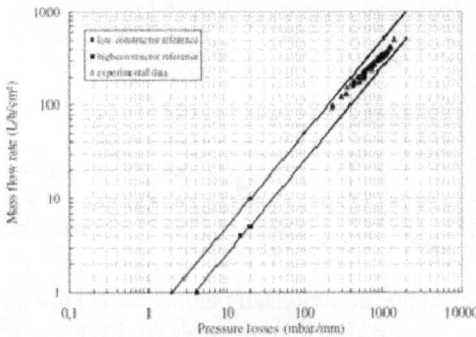

**Figure 66. Invariance du comportement de perméation quelle que soit la température [103]**

a)

b)

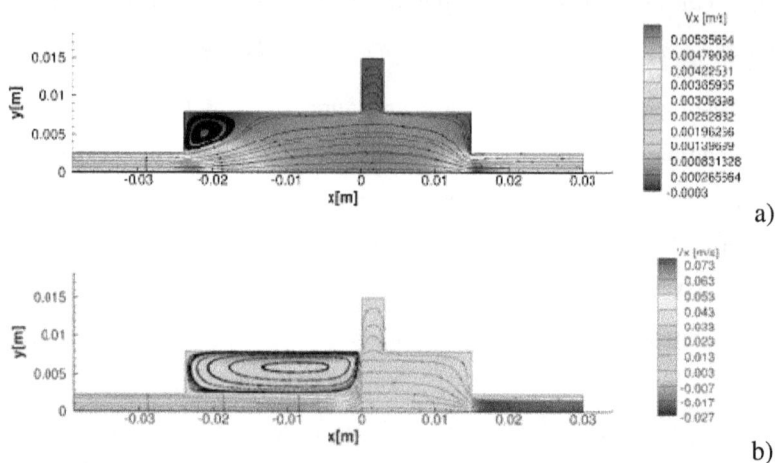

**Figure 67. Profils de vitesse dans une cellule de perméation à 300 K (a) et 1200 K (b) [70]**

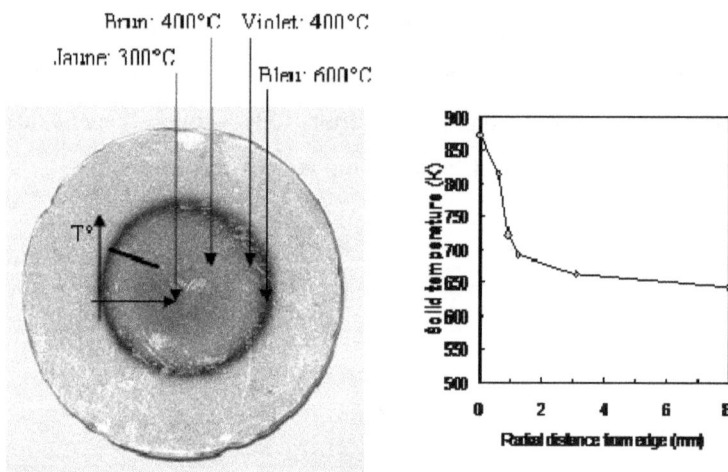

**Figure 68. Coloration d'un matériau perméable (a) liée à la temperature maximale rencontrée (b) [84]**

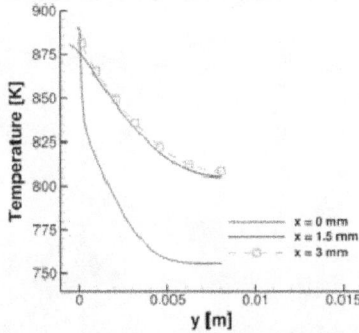

**Figure 69. Calcul numérique du profil spatial radial (selon y) de la température en entrée, au milieu et en sortie de matériau poreux (positions selon x) [70]**

### 4.2. Détermination de propriété de fluide réactif

Au cours de travaux sur la perméation à travers les milieux poreux, les perméabilités de Darcy et de Forchheimer se sont révélées constantes en température pour les matériaux métalliques et composites étudiés et indépendantes des fluides utilisés [103]. Cette propriété du matériau a alors été utilisée pour en connaître davantage sur le fluide. Une nouvelle technique instrumentale a donc été proposée afin d'estimer la viscosité cinématique d'un fluide (gazeux, liquide ou supercritique) [104]. Pour cela, la loi de Darcy a été réécrite pour faire apparaître cette viscosité (Eq. 11). Sa détermination, basée sur des mesures de perte de charge en fonction du débit, fait toujours l'objet de travaux d'amélioration (Figure 70). Une précision de l'ordre de 0.1 mm².s$^{-1}$ est attendue.

$$\Delta P = \frac{\mu}{\rho} \times \frac{L \times \dot{m}}{S \times K_D}$$

$$\upsilon = \frac{\mu}{\rho} = \frac{S K_D}{L} \times f\left(\frac{\Delta P}{\dot{m}}\right) \tag{11}$$

où $\Delta P$ est la perte de charge à la traversée du milieu poreux, $\mu$ la viscosité dynamique, $\upsilon$ la viscosité cinématique, $\rho$ la masse volumique, $L$ l'épaisseur du milieu poreux, $S$ la section de passage du fluide, $\dot{m}$ le débit massique et $K_D$ la perméabilité de Darcy.

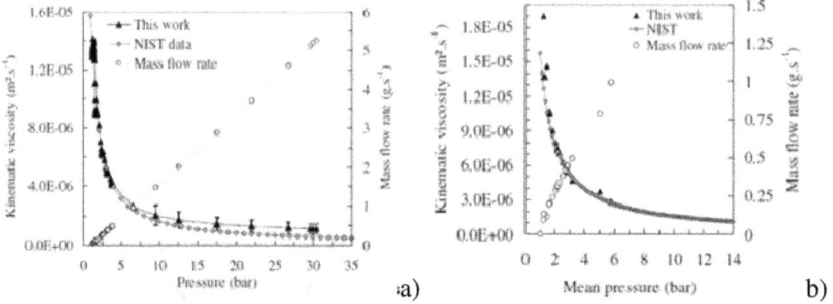

**Figure 70. Viscosité cinématique de $N_2$ à 300 K avec un matériau Poral de classe 3 (a) et un de 5 (b) [104]**

Après une validation du système de mesure sur des fluides de référence comme l'azote, une utilisation sur un hydrocarbure synthétique a permis d'explorer les capacités d'une telle méthode [104]. Aucune donnée n'étant disponible pour le dodécane au-delà de 700 K dans la littérature ouverte, seules des méthodes numériques basées sur des relations empiriques extrapolées permettent de déterminer la viscosité cinématique d'un corps pur ou d'un mélange. Leur inconvénient est leur absence de validation dans les domaines où elles sont extrapolées. Néanmoins, les valeurs obtenues par calcul avec le code RESPIRE sont du même ordre que celles mesurées ici (Figure 71). Les écarts s'expliquent en partie par les conditions de fonctionnement qui diffèrent légèrement (60 bar et 0.035 g.s$^{-1}$ expérimentalement contre 15 bar et 0.05 g.s$^{-1}$ numériquement).

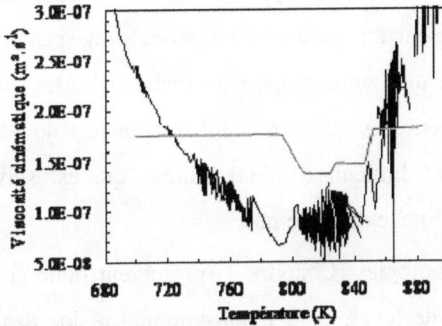

**Figure 71. Exemple de comparaison calcul (en noir) –expérience (en bleu) de la viscosité cinématique du dodécane en cours de réaction [104]**

Bien qu'un travail d'amélioration soit nécessaire, cette technique est jugée prometteuse et permettrait de fournir des données utilisables dans bien des domaines concernant l'étude des fluides, leur simulation et, ce, surtout pour des écoulements réactifs. Le fait que le débit masse, s'il se conserve, soit mesuré à l'état stationnaire en amont du dispositif permet d'assurer le renvoi d'une valeur de viscosité, même quand l'écoulement devient multiphasique à la traversée du milieu perméable. Cette donnée est notamment importante pour l'amélioration des codes de calcul bien que le sens physique d'une telle donnée soit fortement questionnable. Un brevet en cours de valorisation par un transfert technologique sur cette technologie porte actuellement cette activité.

## 5. Conclusions

De nombreuses technologies propulsives existent pour le vol aéronautique et spatial et chacune d'elles présentent des avantages qui lui permettent d'occuper un débouché pour des raisons technologiques d'impulsion spécifique, de poussée ou d'altitude de vol notamment. Par exemple, le super-statoréacteur est un mode déjà accessible technologiquement aujourd'hui bien qu'il nécessite des améliorations telles que son refroidissement et son contrôle. Ils représentent les enjeux les plus forts. Ce moyen de propulsion, par son fonctionnement aérobie même, ne peut être employé en propulsion spatiale. Aussi, pour des raisons de sécurité, une autre propulsion -celle hybride- est un bon candidat malgré de faibles poussées qui la rendent marginale aujourd'hui. Ce problème est le premier point limitant d'un tel moteur qui est suivi de près par la problématique de pilotage du système.

Ces deux technologies (Chapitre 1) présentent donc chacune des verrous qu'il est nécessaire de lever. Leur point commun réside dans le fait que leurs fonctionnements impliquent la décomposition du carburant par le flux thermique de la combustion. Elle-même est assurée par les produits de pyrolyse. C'est un système couplé. Certains des phénomènes physico-chimiques de chaque application (écoulement en canal fermé ou en milieu poreux, transferts thermiques, pyrolyse, combustion) peuvent être plus communs à d'autres systèmes que ceux propulsifs. C'est le cas par exemple avec la problématique de l'endommagement sous feu des réservoirs de kérosène.

Les travaux de recherche (Chapitre 2) menés dans cette thématique de propulsion ont permis de traiter des points spécifiques comme le couplage entre fluidique, thermique et cinétique chimique dans des configurations variées d'écoulement (canal fermé, milieu poreux), de nature de fluide (gazeux, liquide, solide) et de type de réactions (catalytique, pyrolytique, de combustion). La formation de sous-produits solides en décomposition liquide et leur influence sur l'hydraulique fait partie des phénomènes complexes qui méritent d'être considérés. D'autres points n'ont pas été abordés (comme le refroidissement par film mince ou la formulation des hydrocarbures ou additifs) pour conserver une homogénéité dans les études et ne pas se disperser.

La synthèse de ces travaux permet désormais d'ouvrir de nouvelles voies. Elle se traduit aujourd'hui par la présentation d'un programme de recherche, dans lequel plusieurs études émergent (Chapitre 3).

Enfin, il est à noter que ces perspectives sont accompagnées par le développement de moyens d'études importants, qu'ils soient numériques ou expérimentaux. Bien que cela ne soit pas un résultat de recherche en soi, **la mise en place de moyens pensés, dimensionnés et validés est nécessaire**. Une grande importance a été attachée à la compréhension des phénomènes physiques et à leur prise en compte numérique (au travers de la connaissance du fonctionnement des codes mais aussi des dispositifs d'essais). Le développement en laboratoire des outils, aussi bien numériques qu'expérimentaux, souligne la volonté de maîtriser la chaîne d'obtention des résultats.

# Chapitre 3 :

# Perspectives et projet de recherche

L'ensemble des travaux présentés ici montre l'étendue du travail, des connaissances et de la compréhension à apporter aux systèmes d'étude afin de tendre vers une utilisation appliquée des avancées ainsi obtenues. Une synthèse plus poussée aurait pu être proposée ou un choix aurait pu être fait sur les sujets à traiter. Néanmoins, cela n'aurait pas refléter la globalité des activités menées. La compréhension des phénomènes multi-physiques est ardue. Une approche spécialisée de chacun d'eux, en les isolant, ne permet pas de rendre compte de leurs couplages. Aussi, une approche large et pluridisciplinaire est nécessaire pour rendre compte de ces couplages. Néanmoins, cela s'accompagne d'une prise de risque forte.

Après un travail essentiellement numérique sur les écoulements réactifs (thèse de doctorat), l'élaboration d'un nouveau moyen de mesure infrarouge a représenté une difficulté non négligeable sur un domaine très spécifique que sont les diagnostics optiques. Ensuite, traiter la décomposition de polymères s'est révélé plus complexe que prévu, puisque cela a nécessité la programmation d'un outil 2-D permettant de décrire la régression physique du solide (modification du maillage, système biphasique). Sur ces deux premiers points, l'existence d'autres entités de recherche positionnées sur ces thèmes en France renforce la prise de risque. Enfin, l'étude des écoulements dans les milieux poreux s'est révélée être une orientation encore différente, faisant intervenir des phénomènes spécifiques pour lesquels peu de travaux existent, et donc à fort risque pour une équipe de recherche n'ayant pas de connaissance antérieure sur le sujet.

Malgré ces prises de position, un travail bibliographique important a permis de déterminer les axes d'études prioritaires à aborder, d'identifier les points d'ombre à éclaircir pour se positionner dans le contexte mondial –passé et présent- de recherche. Le développement de nouvelles compétences, comme la réduction des schémas cinétiques, a finalement permis de conforter ces choix au travers de l'intérêt suscité auprès de nouveaux partenaires et par la publication de ces travaux en revues internationales.

## 1. Approche scientifique

Avec le leitmotiv d'apporter une vision la plus large possible des phénomènes avant d'en négliger ou simplifier certains pour mieux en détailler d'autres, une approche scientifique commune à plusieurs projets devrait permettre d'en traiter toute la complexité et de tirer partie des similitudes. Les études des systèmes réactifs pourront être orientées ainsi :

- Pyrolyse de (bio)carburants liquides et gazeux:

    o Réduction et adaptation des schémas réactionnels avec prise en compte du coke et des effets de surface, stratégie de calcul numérique

    o Couplage avec la modification des propriétés de perméation de matériaux poreux et d'écoulement en réacteur tubulaire

- Dégradation de matériaux solides (combustible et matériaux composites) :

    o Analyse des produits formés, effet de l'atmosphère oxydante

    o Effet sur les propriétés des matériaux solides

- Moyens communs :

    o Développement de la technique infrarouge pour une utilisation *in-situ* (modification du système de chauffage pour permettre des mesures sur fluide chaud et réactif -état supercritique-, nouvelle méthode de quantification pour la détection de certains hydrocarbures imbrûlés en fin de combustion afin d'apporter des données de validation aux codes de calcul et améliorer la compréhension scientifique).

- o Développement de la mesure de viscosité cinématique (amélioration des codes de calcul)
- o Amélioration des codes de calculs existants et extension aux sujets présentés

L'étude plus fine, que celles menées jusqu'à présent, sur la diffusion multi-espèces et sur le rôle du rayonnement serait un plus. Ces résultats seront utiles pour les applications proches de celles déjà abordées (refroidissement régénératif, propulsion par statoréacteur, par moteur hybride et par onde de détonation). En outre, ils devraient servir dans l'étude de la vulnérabilité des réservoirs d'avions tout composite soumis à un incendie (dégradation du matériau selon l'exposition au travers du couplage flamme-paroi et perméation de gaz chauds dans la structure dégradée devenue poreuse). Un projet est en cours d'élaboration avec Airbus sur ce sujet.

**Pour résumer ma position de recherche, je suis convaincu que la prise en compte fine de l'apport de la chimie dans l'ensemble des systèmes réactifs est le challenge des années à venir.** En raison du coût numérique toujours prohibitif des schémas cinétiques détaillés (simulation complète possible à long terme), il est nécessaire de proposer des études expérimentales fortes pour aborder ce point à court terme, tout en cherchant à améliorer le numérique pour préparer les travaux à moyen terme (stratégies de calcul).

L'apport spécialisé de certains partenaires serait un atout supplémentaire pour affiner la pertinence de ces travaux. Par exemple, un travail en commun avec le LRGP de Nancy sur l'écriture de schémas cinétiques et de leur réduction (pyrolyse, cokage et combustion) ou bien avec ICARE d'Orléans (combustion) permettrait de consolider les mécanismes utilisés. Un rapprochement avec le LACCO de Poitiers pourrait améliorer les schémas de catalyse tandis qu'une interaction plus forte avec l'université de Stuttgart et le DLR sur les écoulements en milieux poreux conforterait l'expertise déjà acquise sur ce point ainsi que l'étude sur la dégradation de matériaux composites en atmosphère oxydante. Des travaux comparatifs avec l'institut polytechnique de Milan sur les outils numériques orientés vers la propulsion hybride permettraient de déterminer sur des cas tests quelles sont les importances respectives de la mécanique des fluides et de la cinétique chimique. De même, des travaux avec l'université de Rome La Sapienza permettrait de déterminer la pertinence des résultats obtenus avec une cinétique détaillée par une comparaison code à code et en fournissant des schémas simplifiés pour une utilisation en code LES 2-D (Large Eddy Simulation).

## 2. Relations humaines

Une habilitation à diriger des recherches est également une possibilité de conduire une équipe vers un but commun de recherche. L'aspect humain est important pour moi et cela explique ce paragraphe qui se veut court au risque d'être hors-sujet. L'adhésion des personnes à un projet est primordiale pour sa réussite et pour l'épanouissement personnel de chacun. Cela implique de les associer dans le montage des projets, dans les choix et arbitrages qui surviennent et dans les réussites à venir. Un management participatif (définition en commun des méthodes) me semble intéressant tandis qu'une solution délégative (définition des seuls objectifs) peut permettre de confier une plus large autonomie. La contrepartie est un investissement et une motivation de chacun pour que les jalons soient franchis dans le temps impartis. En cela, une organisation industrielle peut apporter des éléments intéressants en termes de gestion, de planification, d'atteinte des objectifs. Bien sûr, cela reste à nuancer dans un environnement de recherche soumis à bien des aléas. La rigueur scientifique, l'honnêteté intellectuelle et l'autonomie sont des facteurs clefs dans l'équipe. Enfin, le responsable d'un projet de recherche se doit de maintenir un niveau de compétences et de connaissance, notamment par la recherche bibliographique. Assister et organiser des rencontres entre équipes lui permet d'identifier des points communs ou des passerelles pour encourager les travaux collaboratifs. Il est attentif à la formation de son équipe.

## 3. Transfert Technologique

Personnellement, un projet de recherche me semble d'autant plus attractif qu'il présente des voies d'application en dehors du seul intérêt fondamental d'amélioration des connaissances. Cela constitue donc un élément de valorisation puisque ce projet de recherche peut alors être porté en commun avec une structure industrielle pour l'utilisation des connaissances et des résultats. La valorisation des travaux se fait généralement par le biais des journaux et conférences tandis que la sphère éducative, via la restitution aux étudiants, est aussi un débouché. Ces trois points (industrie, académie, enseignement) sont des piliers qui permettent à la science de garder un rôle moteur et une dynamique pour la société. Un des rôles de celui qui dirige les recherches est de veiller à cet équilibre. Ce sont aussi ces spécificités qui me poussent à m'engager dans la recherche pour mieux la promouvoir et contribuer à la formation des personnels de recherche.

# Références bibliographiques

[1]     F. Falempin, L. Serre, Possible military application of high-speed airbreathing propulsion in the XXIst century – an European vision, AIAA 2003 2733

[2]     F. Falempin, The fully reusable launcher: a new concept asking new visions, AIAA 2003 6994

[3]     M Bouchez, Propulsion aérospatiale: Classification et utilisation de différents systèmes propulsifs, Techniques de l'ingénieur, BM3002, July 2010.

[4]     M. Bouchez, E. Dufour, F. Cheuret, J. Steelant, P. Grenard , L. Benezech, J. Redford, N. Sandham, G. Roberts, A. Passaro, D. Baccarella, M. Dalenbring, L. Cavagna, Multi-Level Coupled Simulations of Cooled Structures in the ATLLAS European Program, AIAA-2009-7355, 16th AIAA/DLR/DGLR International Space Planes and Hypersonic Systems and Technologies Conference, Bremen, Germany, Oct. 19-22, 2009

[5]     N. Gascoin, Etude et mesure de paramètres pertinents dans un écoulement réactif application au refroidissement par endo-carburant d'un superstatoréacteur, Universitaires Européennes, April 2010, ISBN 978-6131501074, p. 376.

[6]     N.A., Davydenko, R.G., Gollender, A.M., Gubertov, V.V., Mironov, N.N., Volkov, Hybrid rocket engines: The benefits and prospects, Aerosp. Sci. Technol., Vol. 11, 2007, pp. 55–60.

[7]     D., Stone, A., Lindenmoyer, G., French, E., Musk, D., Gump, C., Kathuria, C., Miller, M., Sirangelo, T., Pickens, NASA's approach to commercial cargo and crew transportation, Acta Astronaut., Vol. 63, 2008, pp. 192-197.

[8]     M.J. Chiaverini and K.K. Kuo, Fundamentals of Hybrid Rocket Combustion and Propulsion, Mars 2007, AIAA, Progress in Astronautics and Aeronautics Series, p. 650.

[9]     F, Martin, A, Chapelle, O, Orlandi, P, Yvart, Hybrid propulsion systems for future space applications, in: 46th AIAA/ASME/SAE/ASEE Joint Propulsion Conference & Exhibit 25-28 July 2010, Nashville, TN, AIAA-2010-6633

[10]   T., Langener, J., von Wolfersdorf, T., Laux, J., Steelant, Experimental Investigation of Transpiration Cooling with Subsonic and Supersonic Flows      at      Moderate      Temperature      Levels,      44th

AIAA/ASME/SAE/ASEE Joint Propulsion Conference & Exhibit 21 - 23 July 2008, Hartford, CT, AIAA 2008-5174

[11] T., Kanda, G., Masuya, F., Ono, Y., Wakamatsu, Effect of Film Cooling/Regenerative Cooling on Scramjet Engine Performances, Journal of Propulsion and Power, Vol. 10, No. 5, Sept.-Oct. 1994.

[12] Y., Tsujikawa, G.B., Northam, Effects of Hydrogen Active Cooling on Scramjet Engine Performance, Int. J. Hydrogen Energy, Vol. 21, No. 4, pp. 299-304, 1996.

[13] F. Falempin, High speed airbreathing propulsion: French activities, AIAA 2002-5232.

[14] T., Mitani, T., Kouchi, Flame Structures and Combustion Efficiency Computed for a Mach 6 Scramjet Engine, Combustion and Flame, 142 (2005) 187–196.

[15] M., Huetz-Aubert, S., Klarsfeld, P, De Dianous, Rayonnement thermique des matériaux semi-transparents, Techniques de l'Ingénieur, B8215

[16] M. A. Karabeyoglu, B. J. Cantwell, D. Altaian, Development And Testing Of Paraffin-Based Hybrid Rocket Fuels, AIAA 2001-4503

[17] G. Lengelle, B. Fourest, J.C. Godon, C. Guin, Condensed-Phase Behavior And Ablation Rate Of Fuels For Hybrid Propulsion, AIAA 1993-2413

[18] D Pastrone, L Casalino, M R Sentinella, C Carmicino, Acoustic Analysis of Hybrid Rocket Combustion Chambers, 43rd AIAA/ASME/SAE/ASEE Joint Propulsion Conference & Exhibit 8 - 11 July 2007, Cincinnati, OH, AIAA 2007-5368

[19] L.T, DeLuca, C,Paravan, A., Reina, E., Marchesi, BM, Kosowski, Aggregation and Incipient Agglomeration in Metallized Solid Propellants and Solid Fuels for Rocket Propulsion, in: 46th AIAA/ASME/SAE/ASEE Joint Propulsion Conference & Exhibit 25 - 28 July 2010, Nashville, TN, AIAA-2010-6752.

[20] M J. Chiaverini, N Serin, D K. Johnson, Y-C Lu, K K. Kuo, G A. Risha, Regression Rate Behavior of Hybrid Rocket Solid Fuels, JOURNAL OF PROPULSION AND POWER Vol. 16, No. 1, January–February 2000

[21] L., Courthéoux, D., Amariei, S., Rossignol, C., Kappenstein, Thermal and catalytic decomposition of HNF and HAN liquid ionic as propellants, Appl. Catal. B-Environ, Vol. 62, 2006, pp. 217–225

[22] M., Mehl, A., Marongiu, T., Faravelli, G., Bozzano, M., Dente, E., Ranzi, A kinetic modeling study of the thermal degradation of halogenated polymers, J. Anal. Appl. Pyrol., Vol 72, No 2, November 2004, pp 253-272

[23] T., Edwards, M.L., Meyer, Propellant Requirements For Future Aerospace Propulsion Systems, 38th AIAA/ASME/SAE/ASEE Joint Propulsion Conference & Exhibit, AIAA 2002-3870, Indianapolis, Indiana, 7-10 July 2002.

[24] L.S., Yanovskiy, V.F., Ivanov, E.P., Fedorov, (2003) Upgrade of Thermal Stability of Jet Fuels for Gas Turbine Engines, ISABE-2003-ECIS-2781

[25] D.R. Mattie, T.R. Sterner, Past, present and emerging toxicity issues for jet fuel, Toxicology and Applied Pharmacology, Volume 254, Issue 2, TRAC 2008/2009 meeting, 15 July 2011, Pages 127-132.

[26] F. Billaud, P. Chaverot, E. Freund, Cracking of decalin and tetralin in the presence of mixtures of n-decane and steam at about 810[degree sign]C, Journal of Analytical and Applied Pyrolysis, Volume 11, October 1987.

[27] B., Deshaies, V., Sabel'Nikov, Combustion en écoulement supersonique. Calculs mono, bi et tridimensionnels, Techniques de l'Ingénieur, BE8340.

[28] R., Leleu ,Transferts de chaleur, Techniques de l'Ingénieur, J1080.

[29] K.K. Kuo, Principles of Combustion, John Wiley & sons, Inc., 2005

[30] B Facchini, Refroidissement des turbines à gaz. Chambre de combustion, Techniques de l'Ingénieur, BM 4567

[31] C. Roudani, Modélisation à l'échelle microscopique des transferts thermiques radiatifs en milieu poreux, Thèse de doctorat de l'Université de Poitiers, 2008.

[32] D. -Y. Lee, J. S. Jin, B. H. Kang, Momentum boundary layer and its influence on the convective heat transfer in porous media, International Journal of Heat and Mass Transfer, Volume 45, Issue 1, January 2002, Pages 229-233.

[33] H. Shokouhmand, F. Jam, M.R. Salimpour, Simulation of laminar flow and convective heat transfer in conduits filled with porous media using Lattice Boltzmann Method, International Communications in Heat and Mass Transfer, Volume 36, Issue 4, April 2009, Pages 378-384.

[34] F. Xu, N. Aravas, P. Sofronis, Constitutive modeling of solid propellant materials with evolving microstructural damage, Journal of the Mechanics and Physics of Solids, Volume 56, Issue 5, May 2008, Pages 2050-2073.

[35] M.W. Beckstead, K. Puduppakkam, P. Thakre, V. Yang, Modeling of combustion and ignition of solid-propellant ingredients, Progress in Energy and Combustion Science, Volume 33, Issue 6, December 2007, Pages 497-551.

[36] O.Y., Park, TW., Lawrence, High Temperature Permeability of Carbon Cloth Phenolic Composite, 39th AIAA/ASME/SAE/ASEE Joint Propulsion Conference and Exhibit 20-23 July 2003, Huntsville, Alabama, AIAA 2003-5242

[37] D.D., Joseph, D.A., Nield, G., Papanicolaou, Nonlinear equation governing flow in a saturated porous medium, Water Resour. Res., vol. 18 (4), pp. 1049-1052, 1982.

[38] Martin, A. and Boyd, I.D., Simulation of pyrolysis gas within a thermal protection system, 40th Thermophysics Conf., Seattle, USA, AIAA-3805, 2008.

[39] A.M Zahra, JC Mathieu, Thermodynamique des processus irréversibles, Techniques de l'Ingénieur, A228

[40] Lidskii B.V., Neuhaus M.G., Basevich V.Y., Frolov S.M., Multicomponent diffusion in laminar flames, Chimitseskaia Physika (Russian Academy of Science), 2003, vol 22, N°3, 51-60.

[41] K.K. Kuo (2005), Principles of Combustion, Second Edition, Wiley, pp. 328-330.

[42] J.R., Welty, R.E., Wilson, C.E., Wicks, (1976) Fundamentals of Momentum Heat and Mass Transfer, Second Edition, Wiley.

[43] D. Knight, H. Yan, A.G. Panaras, A. Zheltovodov, Advances in CFD prediction of shock wave turbulent boundary layer interactions, Progress in Aerospace Sciences, Volume 39, Issues 2-3, February-April 2003, Pages 121-184.

[44] J.H.S. Lee, Detonation Waves in Gaseous Explosives, In: Gabi Ben-Dor, Ozer Igra and Tov Elperin, Editor(s), Handbook of Shock Waves, Academic Press, Burlington, 2001, Pages 309-415.

[45] G. Emanuel, Theory of Shock Waves: 3.1 Shock Waves in Gases, In: Gabi Ben-Dor, Ozer Igra and Tov Elperin, Editor(s), Handbook of Shock Waves, Academic Press, Burlington, 2001, Pages 185-262

[46]  D. Schwer, K. Kailasanath, Numerical investigation of the physics of rotating-detonation-engines, Proceedings of the Combustion Institute, Volume 33, Issue 2, 2011, Pages 2195-2202.

[47]  T.P. Wampler, ed., Applied Pyrolysis Handbook, CRC Press, 2006.

[48]  C., Di Blasi, Transition between regimes in the degradation of thermoplastic Polymers, Polym. Degrad. Stabil., Vol. 64 , 1999, 359-367

[49]  E., Ranzi, M., Dente, A., Goldaniga, G., Bozzano, T., Faravelli, (2001) Lumping procedures in detailed kinetic modeling of gasification, pyrolysis, partial oxidation and combustion of hydrocarbon mixtures, Progress in Energy and Combustion Science 27 (2001) 99-139.

[50]  S.F., Sodero, F., Berruti, L.A., Behie, Ultrapyrolytic Cracking of Polyethylene-A High Yield Recycling Method, Chem. Eng. Sci., Vol. 51, No. 11, June 1996, pp. 2805-2810.

[51]  C.F. Cullis, A. Fish, J.F. Gibson, Quantitative aspects of free radical reactions in combustion, Symposium (International) on Combustion, Volume 10, Issue 1, Tenth Symposium (International) on Combustion, 1965, Pages 411-422.

[52]  B.L. Crynes and L.F. Albright, Pyrolysis of propane in tubular flow reactors. Kinetics and surface effects, Industrial & Engineering Chemistry Process Design and Development, vol. 8, Jan. 1969, p. 25–31

[53]  J. Dunkleman and L.F. Albright, Surface Effects During Pyrolysis of Ethane in Tubular Flow Reactors, Industrial and Laboratory Pyrolyses, AMERICAN CHEMICAL SOCIETY, 1976, pp. 14-241.

[54]  J. Li, J. Zou, X. Zhang, W. Guo, and Z. Mi, Catalytic cracking of endothermic fuels in coated tube reactor, Frontiers of Chemical Engineering in China, vol. 2, Apr. 2008, p. 181–185.

[55]  D.P. Chock, S.L. Winkler, P. Sun, Effect of grid resolution and subgrid assumptions on the model prediction of a reactive bouyant plume under convective conditions, Atmospheric Environment, Volume 36, Issue 29, October 2002, Pages 4649-4662.

[56]  N. H. El-Farra, A. Armaou, P.D. Christofides, Analysis and control of parabolic PDE systems with input constraints, Automatica, Volume 39, Issue 4, April 2003, Pages 715-725.

[57]  J. Alvarez-Ramirez, H. Puebla, J.A. Ochoa-Tapia, Linear boundary control for a class of nonlinear PDE processes, Systems & Control Letters, Volume 44, Issue 5, 14 December 2001, Pages 395-403.

[58]  P.D. Christofides, Robust control of parabolic PDE systems, Chemical Engineering Science, Volume 53, Issue 16, 15 August 1998, Pages 2949-2965.

[59]  G. Abraham, Etude et développement d'une méthode d'analyse par spectroscopie infrarouge appliquée à la pyrolyse d'hydrocarbures en conditions supercritiques et transitoires, Ph.D. Thesis, University of Orléans, France, December 2009.

[60]  G. Fau, N. Gascoin, P. Gillard, M. Bouchez, J. Steelant, Fuel Pyrolysis through Porous Media: Coke Formation and Coupled effect on Permeability., 17th AIAA International Space Planes and Hypersonic Systems and Technologies Conference, 11-14 Apr 2011, San Francisco, AIAA-2011-2206

[61]  J. Yu, S. Eser, Supercritical-phase thermal decomposition of binary mixtures of jet fuel model compounds, Fuel 79 (2000) 759–768.

[62]  N. Gascoin, G. Abraham, P. Gillard, M. Bouchez Test Bench Dimensioned by Specific Numerical Tool, Computer-Aided Chemical Engineering, Vol. 25, 2008, pp835-840 Elsevier.

[63]  O. Feron, F. Langlais, R. Naslain, In-situ analysis of gas phase decomposition and kinetic study during carbon deposition from mixtures of carbon tetrachloride and methane, Carbon 37 (1999) 1355–1361

[64]  N. Gascoin, P. Gillard, M. Bouchez, Chemical composition and mass flow measurements in a supercritical reactive flow for hypersonic real-time application, Aerospace Science and Technology 14 (2010) 266–275

[65]  G. Abraham, N. Gascoin, P. Gillard, M. Bouchez, Real-time method for the identification and quantification of hydrocarbon pyrolysis products: Part I. Development and validation of the Infra Red technique., Journal of Analytical and Applied Pyrolysis, 10.1016/j.jaap.2011.03.014

[66]  N. Gascoin, G. Abraham, P. Gillard, M. Bouchez, Real-time method for the identification and quantification of hydrocarbon pyrolysis products: Part II. Application to transient pyrolysis and validation by numerical simulation., Journal of Analytical and Applied Pyrolysis, 10.1016/j.jaap.2011.04.005

[67]   A. Genest, Etude préliminaire sur la propulsion hybride, Rapport de stage, Université d'Orléans-Protac, Juillet 2007

[68]   A. Rodriguez, Réduction du schema cinétique de pyrolyse du PEHD, Rapport d'étude, Université d'Orléans, Septembre 2011

[69]   L. Romagnosi, Numerical simulation of Flash Pyrolysis of solid and gas samples, Rapport d'étude, Université d'Orléans, Aout 2011

[70]   L. Romagnosi, Simulation and analysis of kerosene pyrolysis through porous medium, Rapport d'étude, Université d'Orléans, Aout 2011

[71]   L., Boselli, T., Giraudo, A., Massot, B., Talbot, (2002) Dual-fuel advanced high-speed ramjets, AIAA 2002-5214

[72]   E. Daniau, M. Bouchez, N. Gascoin, Scramjet Active Cooling Analysis Using n-dodecane as a Generic Endothermic Fuel, Thermochemical Processes in Plasma Aerodynamics, 12-14 Juillet 2004, St Petersburg, Russia

[73]   N. Gascoin, P. Gillard, S. Bernard, E. Daniau, M. Bouchez, Pyrolysis of Supercritical Endothermic Fuel: Evaluation for Active Cooling Instrumentation., International Journal of Chemical Reactor Engineering, Vol. 6, Article A7, Ed. The Berkeley Electronic Press, 2008

[74]   N. Gascoin, P. Gillard, Confined Kerosene Vapor Explosion: Severity Prediction Laws Based on Numerical Simulations, Energy Fuels 2010, 24, 404–418

[75]   N. Gascoin, S.M. Frolov, P. Gillard, Transient numerical code with grid adaptation for gas combustion and detonation studies, 7th International Symposium on Hazards, Prevention, and Mitigation of Industrial Explosions, July 7-11 2008, Saint Petersburg, Russia.

[76]   A. Mangeot, N. Gascoin, P. Gillard, 2-D Transient Numerical Code for Hybrid Rocket Simulations with Detailed Chemistry, 20th AIAA Computational Fluid Dynamics Conference, 27 - 30 June 2011, Honolulu, Hawaii, AIAA-2011-3212

[77]   G. Fau, N. Gascoin, P. Gillard, Generic modelling of heterogeneous pyrolysis of hydrocarbon coolant and associated calibration , Technical Note, ESTEC Contract No. RES-PTM/PA/fg/129.2010, Aout 2011

[78]   N. Gascoin, P. Gillard, Preliminary pyrolysis and combustion study for the hybrid propulsion, 46th AIAA/ASME/SAE/ASEE Joint Propulsion Conference & Exhibit, 25-28 Jul 2010, Nashville, AIAA-2010-6871

[79] O. Herbinet, P.-M. Marquaire, F. Battin-Leclerc, R. Fournet, Thermal decomposition of n-dodecane: Experiments and kinetic modelling, J. Anal. Appl. Pyrolysis 78 (2007) 419–429

[80] K.D. Dahm, P.S. Virk, R. Bounaceur, F. Battin-Leclerc, P.M. Marquaire, R. Fournet, E. Daniau, M. Bouchez, J. Anal. Appl. Pyrol. (71) (2004) 865-881

[81] A., Nemeth, M., Blazso, P., Baranyai, T., Vidoczy, Thermal degradation of polyethylene modeled on tetracontane, J. Anal. Appl. Pyrolysis, Vol. 81, 2008, pp. 237–242.

[82] N. Gascoin, G. Abraham, P. Gillard, Synthetic and jet fuels pyrolysis for cooling and combustion applications, Journal of Analytical and Applied Pyrolysis, Volume 89, Issue 2, November 2010, Pages 294-306

[83] N. Gascoin, G. Fau, P. Gillard, Novel Viscosity Determination Method: Validation and Application on Fuel Flow, Flow Measurement and Instrumentation, vol. 22 (2011), pp. 529-536

[84] N. Gascoin, G. Fau, P. Gillard, Effect of Porous Structures on Fuel Reactive Processes: Technical Note, ESTEC Contract No. 3-12861/09/NL/PA, Nov. 2010

[85] P. Budrugeac, Theory and practice in the thermoanalytical kinetics of complex processes: Application for the isothermal and non-isothermal thermal degradation of HDPE, Thermochimica Acta, Volume 500, Issues 1-2, 10 March 2010, Pages 30-37.

[86] J. Xu, C.M.Y. Yeung, J. Ni, F. Meunier, N. Acerbi, M. Fowles, S.C. Tsang, Methane steam reforming for hydrogen production using low water-ratios without carbon formation over ceria coated Ni catalysts, Applied Catalysis A: General, Volume 345, Issue 2, 1 August 2008, Pages 119-127.

[87] N. Gascoin, G. Abraham, P. Gillard, Thermal and hydraulic effects of coke deposit in hydrocarbon pyrolysis process., 17th AIAA Hypersonic Systems and Technologies Conference, 11-14 Apr 2011, San Francisco, AIAA-2011-2205

[88] N. Gascoin, A. Navarrro-Rodriguez, G. Fau, P. Gillard, Dégradation thermique du Polyéthylène, Rapport de fin de contrat Roxel-PRISME, Mars 2012.

[89] N. Gascoin, P. Gillard, S. Bernard, M. Bouchez, Characterisation of coking activity during supercritical hydrocarbon pyrolysis, Fuel

Processing and Technology, Vol. 89, Issue 12, December 2008, pp1416-1428

[90] N. Gascoin, Coking activity during supercritical hydrocarbon pyrolysis, International Journal of Hydrocarbonworld, Vol. 5, Issue 2, 2010, pp. 17–20

[91] K. Matsushita, A. Hauser, A. Marafi, R. Koide, A. Stanislaus, Initial coke deposition on hydrotreating catalysts. Part 1. Changes in coke properties as a function of time on stream, Fuel 83 (2004) 1031-1038

[92] I. Llamas-Jansa, C. Jäger, H. Mutschke, Th. Henning, Far-ultraviolet to near-infrared optical properties of carbon nanoparticles produced by pulsed-laser pyrolysis of hydrocarbons and their relation with structural variations, Carbon 45 (2007) 1542-1557

[93] N. Gascoin, P. Gillard, Supersonic combustion of hydrocarbons pyrolysed mixture with detailed chemistry., 41st AIAA Fluid Dynamics Conference and Exhibit 27 - 30 June 2011, Honolulu, Hawaii, AIAA-2011-3712

[94] M.Y. Sinaki, E.A. Matida, F. Hamdullahpur, Development of a reaction mechanism for predicting hydrogen production from homogeneous decomposition of methane, International Journal of Hydrogen Energy, Volume 36, Issue 4, February 2011, Pages 2936-2944.

[95] A. Broe Bendtsen, P. Glarborg, K. Dam-Johansen, Chemometric analysis of a detailed chemical reaction mechanism for methane oxidation, Chemometrics and Intelligent Laboratory Systems, Volume 44, Issues 1-2, 14 December 1998, Pages 353-361.

[96] A.A. Konnov, Development and validation of a detailed reaction mechanism for the combustion of small hydrocarbons, 28-th Symposium (Int.) on Combustion, 2000.

[97] A.M. Dean, Detailed kinetic modeling of autocatalysis in methane pyrolysis, Journal of Physical Chemistry, vol. 145, Apr. 1990, pp. 16-37

[98] F. Billaud, F. Baronnet, E. Freund, C. Busson, and J. Weill, Thermal decomposition of methane: bibliographic study and proposal of a mechanism, Revue de l'Institut français du pétrole, vol. 44, 1989, pp. 813-823

[99] L. Lu, S.B. Pope, An improved algorithm for in situ adaptive tabulation, Journal of Computational Physics, Volume 228, Issue 2, 1 February 2009, Pages 361-386.

[100] P. Dagaut, M. Cathonnet, The ignition, oxidation, and combustion of kerosene: A review of experimental and kinetic modeling, Progress in Energy and Combustion Science, Volume 32, Issue 1, 2006, Pages 48-92.

[101] Puech R., Domingues-Vinhas JL, ALBAS : an integrated software for carrying out parametric vulnerability/lethality PLEIADES/A calculations, NATO RTO Specialist's Meeting AVT-153 on Weapon/Target Interaction Tools for use in Tri-Service Applications, Canada, 13-15 October 2008

[102] N. Gascoin, P. Gillard, G. Baudry, Characterisation of Oxidised Aluminium Powder: Validation of a new Anodic Oxidation Bench, Journal of Hazardous Materials, Vol. 171 (2009) 348-357

[103] N. Gascoin, High temperature and pressure reactive flows through porous media, International Journal of Multiphase Flow, Volume 37, Issue 1, Jan. 2011, pp24-35

[104] N. Gascoin, G. Fau, P. Gillard, Novel Viscosity Determination Method: Validation and Application on Fuel Flow, Rapport d'Etude, ESTEC Contract No. RES-PTM/PA/fg/129.2010, 2011

# Annexes

## Annexe 1 : Elements de Curriculum Vitae

**THESE DE DOCTORAT**

Intitulé : Etude et mesures de paramètres pertinents dans un écoulement réactif

Date de soutenance : 30/11/2006          Lieu de soutenance : IUT de Bourges

Composition du jury :

| | | |
|---|---|---|
| - M. Paul-Marie MARQUAIRE | Directeur de Recherche, DCPR-CNRS | Président |
| - M. Francis ROGER | Professeur de l'Université de Poitiers, LCD | Rapporteur |
| - M. Jean-Pierre SAWERYSYN | Professeur de l'Université de Lille, PC2A | Rapporteur |
| - M. Marc BOUCHEZ | Ingénieur de recherche, MBDA-France | Examinateur |
| - M. Mickael SICARD | Ingénieur de recherche, ONERA | Examinateur |
| - M. Philippe GILLARD | Professeur de l'Université d'Orléans, LEES | Directeur de Thèse |
| - M. Youssoufi TOURE | Professeur de l'Université d'Orléans, LVR | Directeur de Thèse |

# Annexe 2 : Les activités passées de recherche, par thèmes

## Décomposition thermique de carburants liquides

| | |
|---|---|
| Partenaire(s): ESA-MBDA-DLR | Période: 2009-2010 |
| Budget: 49 k€ | |

**Objectifs :** **Perméation réactive d'hydrocarbure (1200K, 60 bars) à travers des matériaux poreux composites**

Le refroidissement des structures hypersoniques et spatiales passe par l'utilisation du carburant comme fluide refroidisseur au travers des matériaux eux-mêmes (méthodes dites active ou régénérative). Compte-tenu des flux **thermiques** importants appliqués aux matériaux, généralement en composite à matrice céramique -CMC-, le fluide en **écoulement** à leur traversée subit une transformation chimique de **pyrolyse**. Le couplage de ces trois phénomènes mérite une étude détaillée pour déterminer comment varient les perméabilités en fonction du niveau thermique, puis pour observer la décomposition thermique et savoir comment la formation associée de coke influe en retour sur la perméabilité.

Retombées : Les avancées humaines (embauche d'un assistant-ingénieur et d'un stagiaire) et matérielles (conception d'un dispositif dédié modulaire de mesure) ont porté les résultats scientifiques obtenus qui trouvent une application immédiate industriellement. Les essais jusqu'à 1200 K et 60 bar sur poreux métalliques puis composites ont montré une évolution non significative des perméabilités de Darcy et de Forchheimer en température. La pyrolyse a été suivie expérimentalement en trois points (avant, au milieu et après le milieu solide) et la nature des espèces produites a été déterminée quantitativement par CPG-SM et IRTF selon les conditions opératoires. Les résultats obtenus expérimentalement sont comparables à ceux obtenus numériquement en système 0-D fermé ce qui montre un temps de séjour long dans le milieu, un fort contact avec les parois et donc un comportement fluidique quasi inexistant. La formation de coke située dans le milieu et à sa surface engendre une variation des perméabilités. Cette formation a été quantifiée et un lien analytique a été proposé avec le terme de Darcy. Une plus forte perméation a été observée sur matériaux endommagés par un flux thermique oxydant ce qui montre une "auto-protection" possible du matériau.

Partenaire(s): MBDA France     Période: 2003-2006

Budget: 750 k€

Objectifs : **Décomposition thermique d'hydrocarbure pour la propulsion**

Afin de gérer la poussée d'un super-statoréacteur pour le vol hypersonique, la combustion supersonique autant que le refroidissement de la structure doivent en premier lieu être étudiés et élucidés pour ensuite aborder un aspect de contrôle. Dans cette optique, le projet COMPARER-1 devait proposer les outils utiles à ces études: code numérique avec cinétique chimique détaillée et banc expérimental. L'enjeu scientifique réside dans la compréhension des phénomènes couplés (thermique, fluidique, cinétique chimique) mis en jeu dans les écoulements réactifs que sont celui dans le canal de refroidissement (pyrolyse du carburant) et celui dans la chambre de combustion (celle des produits ainsi formés).

Retombées : Ce projet a permis d'asseoir la thématique propulsion aéronautique au laboratoire. Outre un post-doctorant, un doctorant et des stagiaires, la dotation matérielle est importante (couplage CPG-SM, banc d'essai,...). La mise en place d'un code de calcul et sa validation ont permis d'améliorer l'analyse des essais (temps de séjour au sein du réacteur chimique, profils spatiaux et temporels de décomposition, influences respectives de la fluidique et de la thermique,...). Sur le plan scientifique, la formation des produits de pyrolyse a été étudiée selon les conditions opératoires (température, débit, pression, état supercritique, effet catalytique du réacteur). Leurs importances respectives ont été observées dans cet ordre. La formation de dépôt carboné a été très suivie et expliquée. Des relations semi-empiriques ont été proposées en fonction de la formation du méthane par exemple pour prédire ce cokage. Le couplage refroidissement-combustion a été abordé et des scénarii d'extinction moteurs ont été montrés. Des optimums de composition chimique à l'injection ont été identifiés (production d'éthylène privilégiée vers 1300 K). Un classement des espèces selon leur délai d'auto-inflammation a permis de savoir lesquelles privilégier.

## Combustion d'hydrocarbures en phase gazeuse

| | |
|---|---|
| Partenaire(s): DGA | Période: 2007-2010 |
| Budget: 50 k€ | |

Objectifs : **Explosion de vapeurs de kérosène dans un réservoir d'avion. Lois de chargement dynamique en pression selon conditions (richesse, énergie,...)**

Dans le cadre d'études militaires sur la vulnérabilité des aéronefs (avec mise en place d'outils numériques pour la prédiction en cas d'attaque avec différents scénarii de vols ou au sol), il est important de prendre en compte la source du dégât, à savoir l'impact d'un projectile dans un réservoir de kérosène. Aussi, ce projet devait permettre de simuler l'entrée d'un corps chaud à haute vitesse dans un milieu confiné et observer la possibilité d'un amorçage du milieu combustible gazeux ambiant selon les conditions du système.

Retombées : L'adaptation d'un code existant pour l'application hypersonique a permis de prendre en compte un allumage par onde de choc et par dépôt volumique d'énergie. Ce dernier a été étudié dans diverses configurations (énergie, temps de dépôt, volume de dépôt, volume du réservoir et surtout richesse à travers la température et la pression jouant sur l'équilibre liquide-gaz générant le milieu combustible avec l'air ambiant dans le réservoir). Cela a permis d'établir des lois analytiques afin d'estimer la sévérité de l'explosion en cas d'allumage et si cela doit survenir en fonction du volume du système clos, de la richesse,...La partie combustion du code a ainsi pu être éprouvée avec un schéma détaillé de cinétique.

Partenaire(s):   Institut  Semenov-Russie                  Période:    2007-2011

Budget: - k€

Objectifs : **Développer un outil de calcul numérique pour la simulation des transitions déflagration-détonation**

La chimie joue un rôle prépondérant dans l'établissement de la transition d'un régime de déflagration vers un régime de détonation. Elle est bien sûr couplée à la fluidique et à la thermique ce qui nécessite une prise en compte détaillée des schémas réactionnels mais aussi des écoulements (notamment de la diffusion multi-espèces). Les approches transitoires par simulation numérique directe (SND) sont trop lourdes en multidimensionnel et en monodimensionnel si la cinétique chimique est prise en compte de façon détaillée. La réduction du temps de calcul par une méthode spécifique est donc nécessaire afin de bénéficier d'un outil adapté à l'étude de ce phénomène de transition.

Retombées : La programmation d'un outil d'abord unidimensionnel permet d'éprouver les techniques à développer et à valider. La séparation des grandeurs physiques et chimiques a été réalisée pour permettre une résolution sur une échelle de temps découplée. Un maillage adaptatif dynamique a été employé pour stabiliser un schéma centré d'ordre deux très précis (non dissipatif) mais instable. Au-delà de la mise en place d'un outil de calcul, à étendre en bidimensionnel pour une application plus large par exemple aux moteurs à combustion interne, cela a permis d'observer scientifiquement comment un gradient thermique peut générer ou accélérer une transition d'un régime (déflagration) à un autre (détonation).

## Décomposition thermique de carburant solide et combustion

Partenaire(s):    CNES-Roxel  France                    Période:    2009-2012

Budget:  130 k€

Objectifs : **Modélisation et étude d'une chambre de combustion d'un propulseur hybride**

Une des principales limites actuellement identifiées pour les propulseurs hybrides réside dans la faible régression du carburant solide (faible production de carburant gazeux après pyrolyse). Ceci nuit à la poussée et il est primordial de disposer d'un outil numérique bidimensionnel pour étudier les phénomènes physico-chimiques mis en jeu et couplés (la combustion des produits de pyrolyse les génère sous le flux thermique appliqué au solide qui constitue l'enveloppe de la chambre de combustion). La programmation d'un outil de calcul est donc visée afin d'observer comment la chimie (décomposition et combustion) influe et est influée sur/par la thermique et la fluidique (diffusion des espèces, front de flamme, couche limite thermique et dynamique). A terme, cela doit permettre de tester différents oxydants et réducteurs, de définir des géométries optimales de grain réducteur, d'identifier les niveaux de pression optimum. Scientifiquement, des schémas cinétiques détaillés sont utilisés pour observer comment le taux de chauffage (en $K.s^{-1}$) impacte sur la nature des produits de pyrolyse. Ce type d'approche détaillé est assez rare.

Retombées : Outre la participation de stagiaires, d'un doctorant et de l'établissement d'un nouveau partenariat avec le CNES mais aussi avec les partenaires du projet PERSEUS (projet dans lequel cette étude s'intègre), des retombées scientifiques importantes sont à noter sur la compréhension des phénomènes associés à l'hybride alors que les études sont menées habituellement sous forme d'essais et de tirs (données globales de performance). Relativement peu d'études visent à considérer l'ensemble du système pour en comprendre le couplage relativement complexe. Industriellement, cela doit permettre de disposer d'un outil de dimensionnement d'un tel moteur et doit, à terme, porter le développement d'une activité.

Partenaire(s):   Roxel  France                                    Période:   2008-2011

Budget:  13 k€

Objectifs : **Décomposition et combustion pour la propulsion hybride**

Plusieurs réducteurs solides et oxydants gazeux ou liquides peuvent être utilisés pour la propulsion hybride. Cela nécessite de faire des choix qui soient justifiés par des résultats. Des calculs de cinétique chimique, d'abord 0-D, doivent permettre de vérifier la stabilité d'oxydants et leur intérêt pour la propulsion (calcul d'impulsion spécifique). Les schémas détaillés étant très lourds numériquement, leur application aux outils de CFD passe par leur réduction (ou par la génération de mécanismes réduits).

Retombées : Sept stagiaires ont participé à ce travail sur trois ans afin de prévoir et soutenir le travail de thèse visant à modéliser et étudier le fonctionnement d'un propulseur hybride. Des couples d'oxydants et de réducteurs ont été testés pour identifiés les plus prometteurs. Des schémas cinétiques de la littérature ont été testés, validés ou écartés puis déployés avant d'être réduits. Pour cela, de nouvelles connaissances et compétences en cinétique chimique ont été développées. Des critères de température, de délai d'induction chimique et de concentration des espèces ont été choisis pour être correctement reproduits/prédits par le calcul tout en diminuant la taille des mécanismes. Des stratégies de réduction du temps de calcul doivent encore être testées. La génération de cas de validation est prévue pour supporter la thèse. Plusieurs articles scientifiques sont à mentionner. Un travail de pré-dimensionnement d'un moteur a aussi été rendu possible.

Partenaire(s): Protac                                        Période: 2007

Budget: 7 k€

Objectifs : **Décomposition de réducteurs solides et formation de produits gazeux**

La propulsion hybride utilise à ce jour principalement un réducteur solide qu'est le PBHT (Poly Butadiene à Terminaison Hydroxyl). Compte-tenu de la difficulté de trouver un modèle de cinétique chimique détaillé pour tenir compte de sa décomposition thermique, une étude à l'équilibre thermodynamique devait permettre une première approche. Un travail similaire sur d'autres carburants devait permettre d'identifier d'autres candidats prometteurs.

Retombées : Outre le travail numérique du stagiaire, des essais en ATG-SM (Analyse ThermoGravimétrique-Spectrométrie de Masse) et DSC (Calorimétrie Différentielle à Balayage) ont permis d'identifier certaines limites de l'approche à l'équilibre bien que ces mêmes moyens soient également restreints à une zone en terme de taux de chauffage. Une validation par rapport à la littérature a été possible. L'effet de la température et de la pression sur la nature des produits formés a été montré et des optimums de fonctionnement ont été identifiés. L'importance de l'atmosphère ambiante sur la nature des produits de pyrolyse a été observée expérimentalement. La nature du réducteur solide initial, dont le rapport des atomes de carbone, hydrogène et oxygène, influe de façon non négligeable les produits formés. Un travail de combustion succinct a pu être mené. Ce premier travail a permis d'initier un partenariat et un nouveau domaine de recherche au sein du laboratoire.

## Développements instrumentaux

Partenaire(s): MBDA France                    Période: 2006-2009

Budget: 350 k€

Objectifs : **Mise en place et validation d'une technique infrarouge non intrusive pour la quantification de produits de pyrolyse**

Dans le cadre des études sur le refroidissement de structures hypersoniques, le besoin d'instrumentation adaptée au véhicule en vol est apparu. Après une bibliographie sur les techniques disponibles pour caractériser la composition chimique d'un mélange d'hydrocarbures à haute température et pression, l'une d'elle devait être développée, testée et validée dans des conditions variées; ceci afin de l'éprouver et d'en identifier les capacités et limites.

Retombées : Au cours du travail de thèse COMPARER-2, un post-doctorant a pu participer au projet au cours duquel la spectrométrie infra-rouge à Transformées de Fourier (IRTF) a été identifiée et sélectionnée. Deux méthodes spécifiques ont été développées pour les analyses sur banc déporté d'une part et in-situ par rapport au process de pyrolyse d'autre part (conditions supercritiques: 60 bar, 1200 K). La technique présente une précision absolue de l'ordre de 2 mol.% et peut quantifier des espèces dont la fraction molaire est supérieure à 4 %. Une mesure chaque dix secondes a été obtenue mais ce temps peut être réduit à environ une seconde. La mesure in-situ a également permis d'estimer les proportions de produits liquides et gazeux (écoulement diphasique) donc d'en déduire le taux de conversion indirectement. La production de dépôt carboné a été quantifiée par ce moyen. Six carburants ont été testés et ont permis au cours de leur décomposition de valider la méthode par IRTF en comparant les données obtenues avec celles issues d'un couplage CPG-SM. Cette technique infra-rouge présente désormais un fort potentiel qui a ainsi été démontré. Elle demande désormais à être testée industriellement bien que des études scientifiques demeurent toujours nécessaires en conditions de laboratoire.

Partenaire(s):  OSEO-Région Centre       Période:  2011-2012

Budget: 80 k€

Objectifs : **Développement d'une méthode de détermination de la viscosité d'un fluide**

Dans le cadre d'un transfert technologique sur la base des activités de recherche présentées ici, il est prévu de proposer un équipement commercialisable permettant de mesurer la viscosité cinématique d'un fluide (brevet n° FR 11 53829, 4/05/2011).

Retombées : Dans le cadre du projet perméation visant à observer un écoulement réactif en milieu poreux, une méthodologie de mesure a été envisagée et brièvement testée pour répondre à l'objectif. Tout à fait innovante, elle permet d'obtenir une précision de l'ordre de 1 % sur une gamme de $10^{-8}$ $m^2.s^{-1}$ à $10^{-2}$ $m^2.s^{-1}$. Eprouvée à 1200 K et 60 bar, elle fonctionne sur tout type de fluide même bi-phasique (grandeur équivalente moyenne sans signification physique néanmoins). Ce projet s'accompagne d'une création d'entreprise et a été lauréat du concours national création d'entreprise MESR/OSEO en Emergence et finaliste du concours européen de l'innovation Innovact.

# Cinétique chimique détaillée pour outils CFD.

Partenaire(s): ESA-MBDA-DLR        Période: 2010-2011

Budget: 50 k€

Objectifs : **Réduction de schéma cinétique de pyrolyse avec prise en compte de l'effet catalytique et de la formation de dépôt carboné**

La prise en compte numérique de la perméation du carburant mise en jeu dans le refroidissement actif ou régénératif de structures hypersoniques et spatiales implique de considérer l'effet chimique tant celui-ci importe (effet sensible, effet endothermique et possibilité de cokage). Néanmoins, les simulations se devant d'être bi- voire tridimensionnelle, l'emploi de schémas cinétiques détaillés est compromis et la réduction de ceux-ci s'impose. De plus, la considération de l'effet catalytique et de la formation du dépôt carboné permet une meilleure approche.

Retombées : Grâce à la pérennisation de l'embauche d'un assistant-ingénieur et le développement d'un partenariat avec l'université de Rome La Sapienza, cette étude permet de déployer un nouvel outil numérique au sein de l'équipe de recherche permettant la réduction de schémas cinétiques détaillés. Cela se traduit non seulement par l'amélioration des connaissances et compétences de l'équipe mais aussi par la mise à disposition pour la communauté scientifique et industrielle de plusieurs schémas réduits. Ceux-ci sont dédiés à certains carburants, matériaux catalytiques et plage de température. Différents critères sont déjà identifiés pour estimer leurs capacités respectives (reproduction de l'effet endothermique, de la consommation du réactif, de la formation de certains produits, délai d'induction chimique). La modélisation de la formation de coke est une première étape dans celle du changement de perméabilité.

## Autres projets divers

Partenaire(s):  Nexter Munitions                         Période:  2011-2015

Budget:  40 k€

<u>Objectifs :</u> **Accroître la connaissance des procédés chimiques utilisés dans la fabrication de munitions (phosphatation) et proposer des solutions de remplacement ou d'amélioration.**

Compte-tenu des normes environnementales de plus en plus contraignantes (interdiction de certains produits et métaux), le procédé de phosphatation (création d'une couche amorphe ou cristalline de phosphate en surface d'une pièce métallique pour améliorer la déformation à froid sous lubrification par imprégnation de savon et l'adhérence de laque) tend à disparaître (produit en fin de vie chez le formulateur, arrêt de la production programmé pour 2012). L'étude doit permettre à l'industriel d'acquérir les connaissances pour se passer de la phosphatation tout en conservant les mêmes performances (certification militaire) ou bien de trouver un produit de moindre impact écologique toujours en fabrication (même impératif de performance finale).

<u>Retombées :</u> ce projet va permettre le travail de près de 20 étudiants au travers de projets tuteurés suivis par l'industriel et l'université (collaboration forte). Cinq à dix stagiaires rémunérés par l'industriel et en partage avec le site universitaire feront des essais de produits sur des douilles fabriquées. Des gammes de traitement seront définies puis transposées, testées et validées chez Nexter Munitions. Le budget prévoit une réhabilitation et une mise aux normes des installations de traitements de surfaces de l'IUT Bourges (difficile à réaliser sinon). Cela permet de pérenniser cette activité au département Génie Mécanique et Productique, donc de le renforcer.

Partenaire(s):   Nexter  Munitions                    Période:   2008-2010

Budget:  8 k€

Objectifs : **Accroître la connaissance des procédés chimiques utilisés dans la fabrication de munitions (phosphatation) et proposer des solutions de remplacement ou d'amélioration.**

Ce premier travail devait permettre au travers une recherche bibliographique d'identifier des produits de substitution aux procédés de phosphatation utilisés dans les gammes de fabrication de douilles chez Nexter Munitions. Ensuite, une chaîne à concevoir, à monter et à valider (paramètres de similitude) devait permettre de tester quelques produits et d'identifier des voies d'économie (produit, énergie, temps, hommes).

Retombées : Douze étudiants au travers de quatre projets tuteurés ont proposé des moyens d'instrumentation autonome des chaînes de traitement, valider le changement d'échelle (1250 L  à  70 L), vérifier l'influence de certains paramètres (température, temps, concentration,…) puis identifier et tester de nouveaux produits. Trois stagiaires ont ainsi travaillé à l'IUT et une chaine neuve de phosphatation a pu être montée. Cela renforce l'activité de traitements de surfaces au département GMP.

Partenaire(s):   intra-équipe recherche                    Période:   2008

Budget: - k€

Objectifs : **Développer un moyen fiable et reproductible d'oxydation de particules d'aluminium**

La sensibilité des poussières/poudres d'aluminium au risque d'explosion est liée à leur granulométrie, aux conditions mais aussi à leur taux d'oxydation. Aussi, l'enjeu est de proposer une technique permettant de fournir de façon fiable (sans besoin de contrôle supplémentaire), reproductible (les mêmes paramètres de traitement doivent fournir les mêmes lots/résultats) et homogène (limitation des disparités dans un même lot). Il est donc nécessaire d'améliorer la compréhension des phénomènes mis en jeu dans l'oxydation électrochimique de ces poudres.

Retombées : Outre la mise en place d'une méthode avec la méthodologie associée (temps de traitement, façon d'envelopper les poudres, quantités traitées, tamisage et séparation…) pour obtenir des lots utiles aux essais d'explosion (recherche d'un seuil statistique d'amorçage), ce travail a permis d'identifier les paramètres influents sur la production d'oxyde dans les milieux dispersés. Ceci pourrait aussi représenter un moyen d'agir sur le délai d'inflammation des propergols solides ou des carburants dopés en utilisant des quantités contrôlées de poudre plus ou moins oxydée. Un article en revue internationale reconnue ISI et un stage sont les résultats quantitatifs de ce travail.

# Annexe 3 : (Co-) Encadrements doctoraux et de recherche

## Post-doctorant

---

C. BRUNEAU *(PRISME, Orléans)*

Identification et quantification de produits de pyrolyse par spectrométrie de masse et chromatographie gazeuse

Période : 09/2007 - 08/2008

Publications:

G. Abraham, C. Bruneau, N. Gascoin, P. Gillard, S. Bernard, M. Bouchez, "A measurement online for decomposition of fuel using FTIR", 18th International Symposium on Analytical and Applied Pyrolysis, 18-23[th] May 2008, Spain.

---

## Ingénieurs de recherche

---

L. Romagnosi *(Université La Sapienza, Rome)*

Reactive flow simulation through porous media

Période : 05/2011 - 08/2011

Publications:

L. Romagnosi, N. Gascoin, E. El-Tabach, I. Fedioun, M. Bouchez, J. Steelant, Pyrolysis in Porous Media: Part 1. Parametric study and Numerical Validity, en cours de soumission

N. Gascoin, L. Romagnosi, I. Fedioun, P. Gillard, J. Steelant, B. Le Naour, Pyrolysis in Porous Media: Part 2. Numerical Analysis and Comparison to Experiments, en cours de soumission

---

A. Navarro-Rodriguez *(PRISME, Orléans)*

Dégradation du PolyEthylène Haute Densité pour application aéronautique propulsive

Période : 09/2011 - 01/2012

Publications:

N. Gascoin, P. Gillard, A. Mangeot, A. Navarro-Rodriguez, Detailed kinetic computations and experiments for the choice of a fuel-oxidiser couple for hybrid propulsion, Journal of Analytical and Applied Pyrolysis, 10.1016/j.jaap.2011.12.002

N. Gascoin, P. Gillard, A. Mangeot, A. Navarro-Rodriguez, Literature survey for a first choice of a fuel-oxidiser couple for hybrid propulsion based on kinetic justifications, Journal of Analytical and Applied Pyrolysis, doi: 10.1016/j.jaap.2011.11.006

N. Gascoin, A. Navarro-Rodriguez, G. Fau, P.Gillard, Kinetic Modelling of High Density PolyEthylene Pyrolysis: Part 2. Reduction of existing detailed mechanism., Polymer Degradation and Stability, 10.1016/j.polymdegradstab.2012.04.002

N. Gascoin, A. Navarro-Rodriguez, P.Gillard, A. Mangeot, Kinetic Modelling of High Density PolyEthylene Pyrolysis: Part 1. Comparison of existing models., Polymer Degradation Stability, 10.1016/j.polymdegradstab.2012.05.008

G. FAU *(PRISME, Orléans)*

Pyrolyse d'hydrocarbures en milieu poreux et simplification de schémas
cinétiques pour la simulation numérique

Période : 11/2009 - présent

Publications:

N. Gascoin, G. Fau, P. Gillard, D. Blanc, Procédé De Mesure De La
Viscosité D'un Fluide Et Viscosimètre, FR 11 53829, 4/05/2011.

G. Fau, N. Gascoin, P. Gillard, M. Bouchez and J. Steelant, Fuel Pyrolysis
through Porous Media: Coke Formation and Coupled effect on Permeability,
Journal of Analytical and Applied Pyrolysis, 10.1016/j.jaap.2012.02.005

N. Gascoin, G. Fau, P. Gillard, Novel Viscosity Determination Method:
Validation and Application on Fuel Flow, Flow Measurement and
Instrumentation, vol. 22 (2011), pp. 529-536

N. Gascoin, G. Fau, P. Gillard, Determination of Darcian Permeability of
Porous Material by Infrared Spectrometry., Journal of Porous Materials,
DOI 10.1007/s10934-011-9478-5

N. Gascoin, G. Fau, P. Gillard, M. Kuhn, M. Bouchez, J. Steelant,
Comparison of Two Permeation Test Benches and of Two Determination
Methods for Darcy's and Forchheimer's Permeabilities, Journal of Porous
Media, vol. 15, 2012

N. Gascoin, G. Fau, P. Gillard, M. Kuhn, M. Bouchez, J. Steelant,
Benchmark of Experimental Determination Methods of Gas Permeabilities.,
17th AIAA International Space Planes and Hypersonic Systems and
Technologies Conference, 11-14 Apr 2011, San Francisco, AIAA-2011-
2252.

G. Fau, N. Gascoin, P. Gillard, M. Bouchez, J. Steelant, Fuel Pyrolysis
through Porous Media: Thermal and Catalytic effects., 17th Hypersonic
Systems Conference, 11-14 Apr 2011, San Francisco, AIAA-2206.

N. Gascoin, G. Fau, P. Gillard, Indirect Infra-Red Determination of
Darcian permeability for cooling applications., 17th AIAA International
Space Planes and Hypersonic Systems and Technologies Conference, 11-14
Apr 2011, San Francisco, AIAA-2011-2371.

N. Gascoin, G. Fau, J. Bioud, P. Gillard, Permeation of inert and
supercritical reactive fluids through metallic and composite media., 46th
AIAA Joint Propulsion Conf., Jul 2010, Nashville, AIAA-2010-6561.

N. Gascoin, A. Navarro-Rodriguez, G. Fau, P.Gillard, Kinetic Modelling
of High Density PolyEthylene Pyrolysis: Part 2. Reduction of existing
detailed mechanism., Polymer Degradation and Stability,
10.1016/j.polymdegradstab.2012.04.002

## Doctorants

A. MANGEOT *(Université d'Orléans)*

Etude et modélisation du fonctionnement d'une chambre de combustion hybride

Période : 10/2009 - 09/2012

Publications:

N. Gascoin, P. Gillard, A. Mangeot, A. Navarro-Rodriguez, Detailed kinetic computations and experiments for the choice of a fuel-oxidiser couple for hybrid propulsion, Journal of Analytical and Applied Pyrolysis, 10.1016/j.jaap.2011.12.002

N. Gascoin, P. Gillard, A. Mangeot, A. Navarro-Rodriguez, Literature survey for a first choice of a fuel-oxidiser couple for hybrid propulsion based on kinetic justifications, Journal of Analytical and Applied Pyrolysis, doi: 10.1016/j.jaap.2011.11.006

N. Gascoin, A. Navarro-Rodriguez, P.Gillard, A. Mangeot, Kinetic Modelling of High Density PolyEthylene Pyrolysis: Part 1. Comparison of existing models., Polymer Degradation Stability, 10.1016/j.polymdegradstab.2012.05.008

A. Mangeot, N. Gascoin, P. Gillard, 2-D Transient Numerical Code for Hybrid Rocket Simulations with Detailed Chemistry, 20th AIAA Computational Fluid Dynamics Conference, 27 - 30 June 2011, Honolulu, Hawaii, AIAA-2011-3212

**G. ABRAHAM** *(Université d'Orléans)*

Etude et développement d'une méthode d'analyse par spectroscopie infrarouge appliquée à la pyrolyse d'hydrocarbures en conditions supercritiques et transitoires

Période : 10/2006 - 12/2009

Publications:

N. Gascoin, G. Abraham, P. Gillard, Thermal and hydraulic effects of coke deposit in hydrocarbon pyrolysis process., Journal of Thermophysics And Heat Transfer, Vol. 26 (1) Jan-Mar 2012 pp. 57-65

N. Gascoin, G. Abraham, P. Gillard, Synthetic and jet fuels pyrolysis for cooling and combustion applications, Journal of Analytical and Applied Pyrolysis, Volume 89, Issue 2, November 2010, Pages 294-306, DOI: 10.1016/j.jaap.2010.09.008

N. Gascoin, G. Abraham, P. Gillard, Test Bench Dimensioned by Specific Numerical Tool, Computer-Aided Chemical Engineering, Vol. 25, 2008, pp. 835-840 Elsevier.

G. Abraham, N. Gascoin, P. Gillard, M. Bouchez, Real-time method for the identification and quantification of hydrocarbon pyrolysis products: Part I. Development and validation of the Infra Red technique., Journal of Analytical and Applied Pyrolysis, Volume 91, Issue 2, July 2011, Pages 368-376, 10.1016/j.jaap.2011.03.014

N. Gascoin, G. Abraham, P. Gillard, M. Bouchez, Real-time method for the identification and quantification of hydrocarbon pyrolysis products: Part II. Application to transient pyrolysis and validation by numerical simulation., Journal of Analytical and Applied Pyrolysis, Volume 91, Issue 2, July 2011, Pages 377-387, 10.1016/j.jaap.2011.04.005.

N. Gascoin, G. Abraham, P. Gillard, Thermal and hydraulic effects of coke deposit in hydrocarbon pyrolysis process., 17th AIAA International Space Planes and Hypersonic Systems and Technologies Conference, 11-14 Apr 2011, San Francisco, AIAA-2011-2205.

N. Gascoin, P. Gillard, S. Bernard, G. Abraham, M. Bouchez, E. Daniau, Y. Touré, Measurements for fuel reforming for scramjet thermal management and combustion optimization : status of the COMPARER project., 14th AIAA Hypersonic Conference, Canberra (Australia), 6-9 novembre 2006, AIAA-2006-8005

N. Gascoin, G. Abraham, P. Gillard, Test Bench Dimensioned by Specific Numerical Tool, 18th European Symposium on Computer Aided Process Engineering (ESCAPE18), 1-4 June 2008, Lyon France.

G. Abraham, C. Bruneau, N. Gascoin, P. Gillard, S. Bernard, M. Bouchez, A measurement online for decomposition of fuel using FTIR, 18th International Symposium on Analytical and Applied Pyrolysis, 18-23[th] May 2008, Spain.

G. Abraham, P. Gillard, N. Gascoin, S. Bernard, M. Bouchez, E. Daniau, J-C Hargé, Mesures de la décomposition chimique d'un carburant, Capteurs 2006, 18-19 Octobre 2006, Bourges, France.

G. Abraham, N. Gascoin, S. Bernard, P. Gillard, M. Bouchez, J. Bertrand, B. Le Naour, Measurements for fuel reforming for scramjet thermal management and combustion optimization: 2009 status of the COMPARER project, 16th AIAA/DLR/DGLR, Bremen, Germany, 19-22 October 2009, AIAA 2009-7373

N. Gascoin, G. Abraham, P. Gillard, Regenerative Cooling Efficiency of Several Synthetic and Jet Fuels and Preliminary Combustion-Pyrolysis Coupling., 46th AIAA/ASME/SAE/ASEE Joint Propulsion Conference & Exhibit, 25-28 Jul 2010, Nashville, AIAA-2010-7127.

## Etudiants Master 2

---

M. BURG *(ENSMA)*

Caractérisation thermocinétique de matériaux composites

Période : 04/2012 - 07/2012

---

G. COLLEATTE *(ENSGTI Pau)*

Développement d'une méthode d'analyse de la viscosité cinématique de fluide en écoulement

Période : 07/2011 - 12/2011

---

A. NAVARRO-RODRIGUEZ *(Centrale Nantes-ETSI Séville)*

Réduction de schémas cinétiques détaillés et pyrolyse flash de carburant solide

Période : 04/2011 - 10/2011

    N. Gascoin, P. Gillard, A. Mangeot, A. Navarro-Rodriguez, Detailed kinetic computations and experiments for the choice of a fuel-oxidiser couple for hybrid propulsion, Journal of Analytical and Applied Pyrolysis, 10.1016/j.jaap.2011.12.002

    N. Gascoin, P. Gillard, A. Mangeot, A. Navarro-Rodriguez, Literature survey for a first choice of a fuel-oxidiser couple for hybrid propulsion based on kinetic justifications, Journal of Analytical and Applied Pyrolysis, doi: 10.1016/j.jaap.2011.11.006

    N. Gascoin, A. Navarro-Rodriguez, G. Fau, P.Gillard, Kinetic Modelling of High Density PolyEthylene Pyrolysis: Part 2. Reduction of existing detailed mechanism., Polymer Degradation and Stability, 10.1016/j.polymdegradstab.2012.04.002

    N. Gascoin, A. Navarro-Rodriguez, P.Gillard, A. Mangeot, Kinetic Modelling of High Density PolyEthylene Pyrolysis: Part 1. Comparison of existing models., Polymer Degradation Stability, 10.1016/j.polymdegradstab.2012.05.008

**S. DESCHAMPS** *(UPMC, Paris)*

Simulation numérique d'écoulements en propulsion hybride et stratégies de calcul

Période : 10/2010 - 02/2011

---

**P. SIMONTACCHI** *(Politechnico, Milan)*

Avant-projets de systèmes d'allumage pour moteur hybride: contribution pour fusée sonde

Période : 09/2008 - 02/2009

---

**T. LEMAIRE** *(IPSA, Paris)*

Contribution aux études sur la propulsion hybride

Période : 09/2008 - 02/2009

---

**M. CHAHINE** *(ENSIETA Brest-Master Poitiers)*

Optimisation d'un oxydant pour la propulsion hybride

Période : 04/2008 - 08/2008

---

**A. GENEST** *(ENSMA+Master Poitiers)*

Étude préliminaire sur la propulsion hybride

Période : 04/2007 - 08/2007

---

**G. ABRAHAM** *(Université d'Orléans)*

Etude expérimentale de la pyrolyse d'un hydrocarbure

Période : 03/2006 - 09/2006
    G. Abraham, P. Gillard, N. Gascoin, S. Bernard, M. Bouchez, E. Daniau, J-C Hargé, Capteurs 2006, 18-19 Octobre 2006, Bourges, France.
    G. Abraham, Relation entre le taux de gazéification et le taux de décomposition lors de la pyrolyse du dodécane, Sciences en Sologne, $1^{er}$ Juin 2006, présentation+poster.

C. BONZOM *(Paris X)*

Simulation en régime transitoire du refroidissement d'un statoréacteur

Période : 09/2005 - 07/2008

---

C. JUSTIN *(Mines Nancy)*

Calcul des propriétés physico-chimiques de mélanges d'hydrocarbures

Période : 02/2005 - 07/2005

---

E. JENNEQUIN *(Paris X)*

Caractérisation d'un mélange d'hydrocarbures par spectroscopie Infra-Rouge :
approche numérique

Période : 09/2004 - 07/2005

**Etudiants Master 1**

J. BIOUD *(Centrales Nantes)*

Décomposition d'hydrocarbure en écoulement poreux et calcul des propriétés
physiques.

Période : 02/2010 - 08/2010

---

A. FERDJOUNI *(ENSIAME Valenciennes)*

Décomposition d'hydrocarbure en écoulement poreux et calcul des propriétés
physiques.

Période : 09/2010 - 01/2011

---

A. JAISWAL *(IIT Kanpur)*

Preliminary work on hybrid propulsion

Période : 05/2008 (3 semaines)

**Etudiants Licence**

S. DELERY *(Université d'Orléans)*

Décomposition d'hydrocarbure en écoulement poreux et calcul des propriétés physiques.

Période : 02/2010 - 07/2010

A. FERRAND *(Université d'Orléans)*

Décomposition d'hydrocarbure en écoulement poreux et calcul des propriétés physiques.

Période : 02/2010 - 07/2010

G. FAU *(Université d'Orléans)*

Décomposition d'hydrocarbure en écoulement poreux et calcul des propriétés physiques.

Période : 02/2009 - 07/2009

A. BUTORI *(Université d'Orléans)*

Décomposition d'hydrocarbure en écoulement poreux et calcul des propriétés physiques.

Période : 02/2008 - 07/2008

# Annexe 4 : Liste des publications et des productions scientifiques

✴ Articles fournis en Annexe 8 – Tirés à Part

## ACL : Articles dans des revues internationales avec comité de lecture répertoriées par l'AERES

A1. **N. Gascoin**, P. Gillard, A. Mangeot, A. Navarro-Rodriguez, Detailed kinetic computations and experiments for the choice of a fuel-oxidiser couple for hybrid propulsion, *Journal of Analytical and Applied Pyrolysis*, doi: 10.1016/j.jaap.2011.12.002

A2. **N. Gascoin**, P. Gillard, A. Mangeot, A. Navarro-Rodriguez, Literature survey for a first choice of a fuel-oxidiser couple for hybrid propulsion based on kinetic justifications, *Journal of Analytical and Applied Pyrolysis*, doi: 10.1016/j.jaap.2011.11.006

A3. **N. Gascoin**, G. Fau, P. Gillard, Novel Viscosity Determination Method: Validation and Application on Fuel Flow, *Flow Measurement and Instrumentation*, vol. 22 (2011), pp. 529-536

A4. **N. Gascoin**, G. Abraham, P. Gillard, Thermal and hydraulic effects of
✴ coke deposit in hydrocarbon pyrolysis process., *Journal of Thermophysics And Heat Transfer*, Vol. 26 (1) Jan-Mar 2012, pp. 57-65

A5. **N. Gascoin**, G. Fau, P. Gillard, M. Kuhn, M. Bouchez, J. Steelant, Comparison of Two Permeation Test Benches and of Two Determination Methods for Darcy's and Forchheimer's Permeabilities, *Journal of Porous Media*, vol. 15, 2012.

A6. **N. Gascoin**, G. Fau, P. Gillard, Determination of Darcian Permeability of Porous Material by Infrared Spectrometry., *Journal of Porous Materials*, doi: 10.1007/s10934-011-9478-5.

A7. G. Abraham, **N. Gascoin**, P. Gillard, M. Bouchez, Real-time method for the identification and quantification of hydrocarbon pyrolysis products: Part I. Development and validation of the Infra Red technique., *Journal of Analytical and Applied Pyrolysis*, Volume 91, Issue 2, July 2011, Pages 368-376.

A8. **N. Gascoin**, G. Abraham, P. Gillard, M. Bouchez, Real-time method for
✴ the identification and quantification of hydrocarbon pyrolysis products: Part II. Application to transient pyrolysis and validation by numerical simulation., *Journal of Analytical and Applied Pyrolysis*, Volume 91, Issue 2, July 2011, Pages 377-387, doi: 10.1016/j.jaap.2011.04.005.

✴ A9. **N. Gascoin**, G. Abraham, P. Gillard, Synthetic and jet fuels pyrolysis for cooling and combustion applications, *Journal of Analytical and Applied Pyrolysis*, Volume 89, Issue 2, November 2010, Pages 294-306, ISSN 0165-2370, doi: 10.1016/j.jaap.2010.09.008.

A10. **N. Gascoin,** High temperature and pressure reactive flows through porous media, *International Journal of Multiphase Flow*, Volume 37, Issue 1, January 2011, Pages 24-35, ISSN 0301-9322, doi:

10.1016/j.ijmultiphaseflow.2010.09.001.

A11.  **N. Gascoin**, P. Gillard, M. Bouchez, Chemical composition and mass flow measurements in a supercritical reactive flow for hypersonic real-time application, Aerospace Science and Technology 14 (2010) 266–275.

A12.  **N. Gascoin** and P. Gillard, Confined Kerosene Vapor Explosion: Severity Prediction Laws Based on Numerical Simulations, *Energy Fuels* 2010, 24, 404–418:, doi::10.1021/ef900909e

A13.  **N. Gascoin**, P. Gillard, G. Baudry, Characterisation of Oxidised Aluminium Powder: Validation of a new Anodic Oxidation Bench, *Journal of Hazardous Materials,* Vol. 171 (2009) 348–357.

A14.  **N. Gascoin**, P. Gillard, S. Bernard, M. Bouchez, Characterisation of coking activity during supercritical hydrocarbon pyrolysis, *Fuel Processing and Technology,* Vol. 89, Issue 12, December 2008, pp1416-1428. doi: 10.1016/j.fuproc.2008.07.004

A15.  **N. Gascoin,** G. Abraham, P. Gillard, M. Bouchez Test Bench Dimensioned by Specific Numerical Tool, *Computer-Aided Chemical Engineering*, Vol. 25, 2008, pp835-840

A16.  **N. Gascoin**, P. Gillard, S. Bernard, E. Daniau, M. Bouchez, Pyrolysis of Supercritical Endothermic Fuel: Evaluation for Active Cooling Instrumentation., *International Journal of Chemical Reactor Engineering, Vol. 6, Article A7, Ed. The Berkeley Electronic Press, 2008.*

A17.  **N. Gascoin,** P. Gillard, E. Dufour, Y. Touré, Validation of Transient Cooling Modeling for Hypersonic Application, *Journal of Thermophysics And Heat Transfer*, Vol. 21, No. 1, January–March 2007, pp. 86–94.

\* A18.  G. Fau, **N. Gascoin**, P. Gillard, M. Bouchez and J. Steelant, Fuel Pyrolysis through Porous Media: Coke Formation and Coupled effect on Permeability, Journal of Analytical and Applied Pyrolysis, doi: 10.1016/j.jaap.2012.02.005

A19.  **N. Gascoin**, A. Navarro-Rodriguez, G. Fau, P.Gillard, Kinetic Modelling of High Density PolyEthylene Pyrolysis: Part 2. Reduction of existing detailed mechanism., Polymer Degradation and Stability, 10.1016/j.polymdegradstab.2012.04.002

A20.  **N. Gascoin**, A. Navarro-Rodriguez, P.Gillard, A. Mangeot, Kinetic Modelling of High Density PolyEthylene Pyrolysis: Part 1. Comparison of existing models., Polymer Degradation Stability, 10.1016/j.polymdegradstab.2012.05.008

**Brevets nationaaux/internationaux**

B1. **N. Gascoin,** G. Fau, P. Gillard, D. Blanc, Procédé De Mesure De La Viscosité D'un Fluide Et Viscosimètre, FR 11 53829, 04/05/2011.

B2. **N. Gascoin,** G. Fau, P. Gillard, D. Blanc, Procédé De Mesure De La Viscosité D'un Fluide Et Viscosimètre, PCT N° FR2012/050988, 03/05/2012.

**OS : Ouvrages scientifiques (ou chapitres de ces ouvrages).**

C1. **N. Gascoin,** Etude et mesure de paramètres pertinents dans un écoulement réactif, Editions Universitaires Européennes, *ISBN* 978-613-1-50107-4, Thèse de Doctorat, 2010.

**ACLN : Articles dans des revues avec comité de lecture non répertoriées dans des bases de données internationales. INVITED PAPERS**

D1. **N. Gascoin,** Coking activity during supercritical hydrocarbon pyrolysis, *Hydrocarbonworld*, Vol. 5, Issue 2, 2010, pp. 17–20, ISSN 1753-3899 invited paper.

**INV : Conférences données à l'invitation du Comité d'organisation dans un congrès national.**

E1. **N. Gascoin,** Pyrolyse et propulsion, Séminaire national sur l'analyse thermique par pyrolyse flash, Perkin-Elemer, Quad Services, 20oct.2011

**ACTI : Communications avec actes dans un congrès international**

F1. **N. Gascoin**, P. Gillard, Supersonic combustion of hydrocarbons pyrolysed mixture with detailed chemistry., *41st AIAA Fluid Dynamics Conference and Exhibit 27 - 30 June 2011, Honolulu, Hawaii, AIAA-2011-3712.*

F2. A. Mangeot, **N. Gascoin**, P. Gillard, 2-D Transient Numerical Code for Hybrid Rocket Simulations with Detailed Chemistry, *20th AIAA Computational Fluid Dynamics Conference, 27 - 30 June 2011, Honolulu, Hawaii, AIAA-2011-3212*

F3. **N. Gascoin**, G. Abraham, P. Gillard, Thermal and hydraulic effects of coke deposit in hydrocarbon pyrolysis process., *17th AIAA International Space Planes and Hypersonic Systems and Technologies Conference*, 11-14 Apr 2011, San Francisco, AIAA-2011-2205.

F4. **N. Gascoin**, G. Fau, P. Gillard, M. Kuhn, M. Bouchez, J. Steelant, Benchmark of Experimental Determination Methods of Gas Permeabilities., *17th AIAA International Space Planes and Hypersonic Systems and Technologies Conference*, 11-14 Apr 2011, San Francisco, AIAA-2011-2252.

F5. G. Fau, **N. Gascoin**, P. Gillard, M. Bouchez, J. Steelant, Fuel Pyrolysis through Porous Media: Coke Formation and Coupled effect on Permeability., *17th AIAA International Space Planes and Hypersonic Systems and Technologies Conference*, 11-14 Apr 2011, San Francisco, AIAA-2011-2206.

F6. **N. Gascoin**, G. Fau, P. Gillard, Indirect Infra-Red Determination of Darcian permeability for cooling applications., *17th AIAA International Space Planes and Hypersonic Systems and Technologies Conference*, 11-14 Apr 2011, San Francisco, AIAA-2011-2371.

F7. **N. Gascoin**, G. Abraham, P. Gillard, Regenerative Cooling Efficiency of Several Synthetic and Jet Fuels and Preliminary Combustion-Pyrolysis Coupling., *46th AIAA/ASME/SAE/ASEE Joint Propulsion Conference & Exhibit*, 25-28 Jul 2010, Nashville, AIAA-2010-7127.

F8. **N. Gascoin**, G. Fau, J. Bioud, P. Gillard, Permeation of inert and supercritical reactive fluids through metallic and composite media., *46th AIAA/ASME/SAE/ASEE Joint Propulsion Conference & Exhibit*, 25-28 Jul 2010, Nashville, AIAA-2010-6561.

F9. **N. Gascoin**, P. Gillard, Preliminary pyrolysis and combustion study for the hybrid propulsion, *46th AIAA/ASME/SAE/ASEE Joint Propulsion Conference & Exhibit*, 25-28 Jul 2010, Nashville, AIAA-2010-6871.

F10.J.M. Pascaud, P. Gillard, **N. Gascoin**, Simulation of the combustion of kerosene vapors by a multi-physics model, *$22^{th}$ ICDERS*, Minsk (Belarus), July 27-31, 2009.

F11.G. Abraham, **N. Gascoin**, S. Bernard, P. Gillard, M. Bouchez, J. Bertrand, B. Le Naour, Measurements for fuel reforming for scramjet thermal management and combustion optimization: 2009 status of the COMPARER project, *16th AIAA/DLR/DGLR International Space Planes and Hypersonic Systems and Technologies Conference*, Bremen, Germany, 19-22 October 2009, AIAA 2009-7373

F12.**N. Gascoin**, P. Gillard, M. Bouchez, Characterization of Supercritical Reactive Flow for Hypersonic Real-Time Application, *16th AIAA/DLR/DGLR International Space Planes and Hypersonic Systems and Technologies Conference*, Bremen, Germany, 19-22 October 2009, AIAA 2009-7375

F13.**N. Gascoin,** G. Abraham, P. Gillard, Test Bench Dimensioned by Specific Numerical Tool, *$18^{th}$ European Symposium on Computer Aided Process Engineering (ESCAPE18)*, 1-4 June 2008, Lyon France.

F14.E. Daniau, M. Bouchez, O. Herbinet, P.M. Marquaire, **N. Gascoin**, P. Gillard, Fuel reforming for Scramjet thermal management and combustion optimization, *$13^{th}$ AIAA/CIRA Hypersonic Conference, Capua (Italy), 16-20 mai 2005, AIAA 2005-3403.*

F15.E. Daniau, M. Bouchez, **N. Gascoin**, Scramjet Active Cooling Analysis Using n-dodecane as a Generic Endothermic Fuel, *Thermochemical Processes in Plasma Aerodynamics, 12-14 Juillet 2004, St Petersburg, Russia.*

F16.**N. Gascoin**, P. Gillard, S. Bernard, G. Abraham, M. Bouchez, E.

Daniau, Y. Touré, Measurements for fuel reforming for scramjet thermal management and combustion optimization : status of the COMPARER project., *14th AIAA/AHI Space Planes and Hypersonic Systems and Technologies Conference, Canberra (Australia), 6-9 novembre 2006*, AIAA-2006-8005.

F17. **N. Gascoin,** S.M. Frolov, P. Gillard, Transient numerical code with grid adaptation for gas combustion and detonation studies, $7^{th}$ *International Symposium on Hazards, Prevention, and Mitigation of Industrial Explosions*, July 7-11 2008, Saint Petersburg, Russia.

F18. **N. Gascoin**, P. Gillard, S. Bernard, Y. Touré, E. Daniau, E. Dufour, M. Bouchez, Transient Numerical Model of Scramjet Active Cooling, Application to an Experimental Bench, *4th International Energy Conversion Engineering Conference and Exhibit (IECEC), San Diego (USA), 26-29 juin 2006, AIAA 2006-4028.*

F19. **N. Gascoin**, P. Gillard, S. Bernard, E. Daniau, M. Bouchez, Experimental and Numerical Transient Pyrolysis of Supercritical Endothermic Fuel, $21^{st}$ *ICDERS*, Poitiers (France), July 23-27, 2007.

F20. G. Abraham, C. Bruneau, **N. Gascoin,** P. Gillard, S. Bernard, M. Bouchez, A measurement online for decomposition of fuel using FTIR, *18th International Symposium on Analytical and Applied Pyrolysis*, 18-23th May 2008, Spain.

F21. **N. Gascoin**, P. Gillard, Y. Touré, E. Daniau, S. Bernard, M. Bouchez, Modélisation d'un statomixte refroidi par endocarburant supercritique : couplage thermique-chimie et transferts de matière, *Récents Progrès en Génie des Procédés, N°92, Ed. Lavoisier, 2005.*

F22. **N. Gascoin**, P. Gillard, S. Bernard, E. Daniau, M. Bouchez, Pyrolysis of Supercritical Endothermic Fuel: Evaluation for Active Cooling Instrumentation., *Récents Progrès en Génie des Procédés, N°96, Ed. SFGP, ISBN 2-910239-70-5, 2007.*

F23. **N. Gascoin**, P. Gillard, Y. Touré, S. Bernard, E. Daniau, M. Bouchez, Modélisation hydraulique et thermique d'un fluide supercritique avec pyrolyse dans un canal chauffé: prédimensionnement d'une étude expérimentale, *Congrès Français de Thermique, SFT 2005, Reims, France, 30 mai - 2 juin 2005.*

**ACTN: Communications avec actes dans un congrès national**

G1. **N. Gascoin**, P. Gillard, Y. Touré, S. Bernard, E. Daniau, M. Bouchez, Mesure et contrôle de paramètres pertinents pour la régulation d'un statoréacteur mixte refroidi, *Capteurs 2004, 21 Octobre 2004, Bourges, France.*

G2. G. Abraham, P. Gillard, **N. Gascoin**, S. Bernard, M. Bouchez, E.

Daniau, J-C Hargé, Mesures de la décomposition chimique d'un carburant, *Capteurs 2006, 18-19 Octobre 2006, Bourges, France*

## AFF : Communications par affiche dans un congrès international ou national

H1. **N. Gascoin**, P. Gillard, Y. Touré, S. Bernard, E. Daniau, M. Bouchez, Transferts couplés dans un statomixte en composite thermostructural refroidi régénérativement et par transpiration, *Congrès SFT 2004, Poster, Mai 2004, Presqu'îles de Giens, France.*

## AP : Autres productions

I1. **N. Gascoin**, Y. Touré, P. Gillard, Etude et recherche de paramètres pertinents pour le contrôle et la mesure d'un écoulement réactif, *Journée Jeunes Chercheurs LVR 2006, Orléans, France, 2 mars 2006.*

I2. **N. Gascoin**, Y. Touré, P. Gillard, Etude et recherche de paramètres pertinents pour le contrôle et la mesure d'un écoulement réactif, *Journée Jeunes Chercheurs LVR 2005, Chateauroux, France, 24/02/2005.*

I3. **N. Gascoin**, Etude et recherche de paramètres pertinents pour le contrôle et la mesure d'un écoulement réactif, *Journée Jeunes Chercheurs LVR 2004, Bourges, France, 19 février 2004.*

I4. **N. Gascoin**, Y. Touré, P. Gillard, S. Bernard, Etude et recherche de paramètres pertinents pour le contrôle et la mesure d'un écoulement réactif, *Rapport d'avancement de $1^{ère}$ année de thèse, Novembre 2004.*

I5. **N. Gascoin**, Y. Touré, P. Gillard, S. Bernard, Etude et recherche de paramètres pertinents pour le contrôle et la mesure d'un écoulement réactif, *Rapport d'avancement de $2^{ème}$ année de thèse, Octobre 2005.*

I6. **N. Gascoin**, Y. Touré, P. Gillard, S. Bernard, Etude et recherche de paramètres pertinents pour le contrôle et la mesure d'un écoulement réactif, *Rapport d'avancement de $3^{ème}$ année de thèse, Octobre 2006.*

I7. G. Abraham, **N. Gascoin**, P. Gillard, S. Bernard, Etude de la décomposition, en régime transitoire, de quelques hydrocarbures en condition supercritique. Mise au point d'une méthode d'analyse par sonde optique et validation du code de calcul RESPIRE., *Rapport d'avancement de $1^{ère}$ année de thèse, Oct. 2007*

I8. G. Abraham, P. Gillard, **N. Gascoin**, S. Bernard, Etude de la décomposition, en régime transitoire, de quelques hydrocarbures en condition supercritique. Mise au point d'une méthode d'analyse par sonde optique et validation du code de calcul RESPIRE., *Rapport d'avancement de $2^{ème}$ année de thèse, Oct. 2008.*

I9. **N. Gascoin**, P. Gillard, S. Bernard, Y. Touré, E. Daniau, M. Bouchez,

Les méthodes de mesure COMPARER, *Document technique interne, Projet COMPARER, Septembre 2006, 41 pages.*

I10. **N. Gascoin**, P. Gillard, J.M. Pascaud, Effet d'une explosion dans un réservoir de kérosène, *Rapport d'avancement N°1 du contrat Université d'Orléans - DGA centre d'étude de Gramat, Mars 2008, 13 pages.*

I11. **N. Gascoin**, P. Gillard, J.M. Pascaud, Effet d'une explosion dans un réservoir de kérosène, *Rapport d'avancement N°2 du contrat Université d'Orléans - DGA centre d'étude de Gramat, Juillet 2008, 26 pages.*

I12. **N. Gascoin**, P. Gillard, J.M. Pascaud, Effet d'une explosion dans un réservoir de kérosène, *Rapport d'avancement N°3 du contrat Université d'Orléans - DGA centre d'étude de Gramat, Juin 2009, 57 pages.*

I13. **N. Gascoin**, P. Gillard, J.M. Pascaud, C. Strozzi, Effet d'une explosion dans un réservoir de kérosène, *Rapport d'avancement N°4 du contrat Université d'Orléans - DGA centre d'étude de Gramat, Décembre 2009, 56 pages.*

I14. C. Strozzi, P. Gillard, J.M. Pascaud, **N. Gascoin**, Effet d'une explosion dans un réservoir de kérosène, *Rapport final N°5 du contrat Université d'Orléans - DGA centre d'étude de Gramat, Mai 2010, 59 pages.*

I15. **N. Gascoin**, G. Fau, P. Gillard, Effect of Porous Structures on Fuel Reactive Processes: Progress Report n° 1., ESTEC Contract No. 3-12861/09/NL/PA, Février 2010, 58 pages

I16. **N. Gascoin**, G. Fau, J. Bioud, P. Gillard, Effect of Porous Structures on Fuel Reactive Processes: Progress Report n° 2., ESTEC Contract No. 3-12861/09/NL/PA, Avril 2010, 74 pages

I17. **N. Gascoin**, G. Fau, J. Bioud, P. Gillard, Effect of Porous Structures on Fuel Reactive Processes: Progress Report n° 3., ESTEC Contract No. 3-12861/09/NL/PA, Juin 2010, 74 pages

I18. **N. Gascoin**, G. Fau, J. Bioud, P. Gillard, Effect of Porous Structures on Fuel Reactive Processes: Progress Report n° 4, ESTEC Contract No. 3-12861/09/NL/PA, Aout 2010, 93 pages

I19. **N. Gascoin**, G. Fau, P. Gillard, Effect of Porous Structures on Fuel Reactive Processes: Technical Note, ESTEC Contract No. 3-12861/09/NL/PA, Novembre 2010, 53 pages

I20. G. Fau, **N. Gascoin**, P. Gillard, Generic modelling of heterogeneous pyrolysis of hydrocarbon coolant and associated calibration, ESTEC Contract No. RES-PTM/PA/fg/129.2010, Mars 2012, 273 pages

I21. **N. Gascoin**, A. Navarrro-Rodriguez, G. Fau, P. Gillard, Dégradation thermique du Polyéthylène, Contrat de Recherche Roxel-PRISME, Rapport final, Mars 2012, 80 pages

I22. **N. Gascoin**, Les défis de la propulsion hypersonique, *Le Mensuel de l'Université,* version électronique parue le 05/2007 sur http://www.lemensuel.net/article.php3?id_article=714

# Annexe 5 : Activités administratives et d'intérêts collectifs

Recherche :

La fonction élective au sein du Comité d'Expert Disciplinaire de la section CNU 62 (novembre 2010) me permet de participer à la vie de la section (invitation de professeurs étrangers, classement des postes ATER, recrutement MCF). En tant que responsable d'une halle de manipulation équipée de moyens importants d'analyse physico-chimique (CPG, SM, IRTF, pyrolyseur flash, fours de pyrolyse,...), je reste attentif aux besoins et évolutions expérimentales des activités.

Enseignement :

Je suis impliqué ponctuellement (sur sollicitations ou volontairement) dans la vie quotidienne et évènementielle de la composante et du laboratoire (groupe calcul, cellule communication, portes ouvertes, fêtes de la science, journées jeunes chercheurs, séminaires, visites de laboratoire et d'établissements, suivi de stages/apprentis, projets, jurys de baccalauréat, jurys IUT, jurys de Validation d'Acquis par l'Expérience,...). Les opérations de vulgarisation scientifique et de diffusion de la connaissance au public font partie de mes missions courantes (portes ouvertes, émission radio, article en journal/magazine, exposés...).

Administratif:

Je m'implique aussi au sein du Conseil de l'IUT de Bourges (juin 2010), du conseil restreint (budgets, partenariats, contenu pédagogique, orientations) et du jury officiel (janvier 2012). Mon apport est multiple et s'exprime par exemple par la rédaction d'un compte-rendu après chaque conseil pour informer le collège "Autres Enseignants Chercheurs" des discussions et décisions (diffusion courriel). J'initie des propositions (par exemple la mise en ligne des comptes-rendus officiels du conseil après approbation pour l'ensemble de l'IUT).

Dans le département Génie Mécanique et Productique, j'ai pris en charge de la gestion des notes (mise en place d'une procédure de saisie, fichiers associés, gestion des Unités d'Enseignement et des semestres, sous-commission de passage, édition des procès verbaux). Depuis 2010, j'ai entrepris une démarche similaire en licence par apprentissage DPI (Développement de Projets Industriels) à la demande du responsable D. Courilleau. L'automatisation par macros Excel permet d'améliorer cette gestion.

Mon engagement se retrouve dans ma volonté de me former professionnellement (une vingtaine de formations suivies depuis 2003, comme : Manager son équipe 2011, Mener son auditoire 2010, Formation extincteurs 2009, Sauveteur Secouriste du Travail 2008, Utilisation de l'ENT 2008, Logiciel ADE 2008, Utilisation-Maintenance GC-MS 2007).

## Annexe 6 : Activités d'Enseignement et liées

### 1. Les composantes d'enseignement

Depuis 2004, mes missions d'enseignement sont variées, tant par le contenu que par le public concerné. La plupart de mes heures sont effectués à l'IUT de Bourges (Figure 72), ce qui me permet de mieux m'impliquer (réunions, conseils et assemblées de départements, évènements…). Néanmoins, intervenir dans d'autres composantes permet d'aborder des enseignements peu ou pas représentés à l'IUT. J'essaie alors que le retour d'expérience bénéficie à ma composante (organisation des emplois du temps, fonctionnement administratif, suivi des étudiants…).

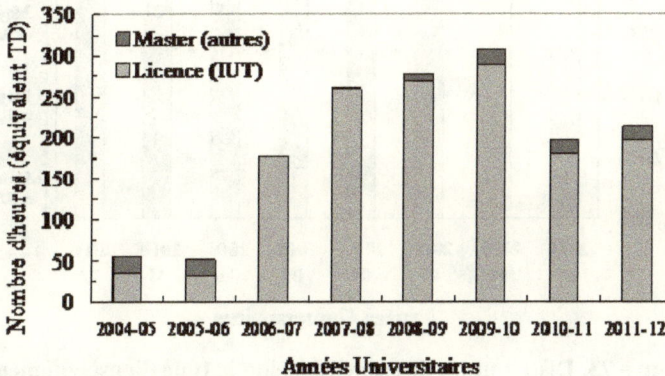

**Figure 72. Répartition des services entre IUT (L1 à L3) et autres composantes (M1-M2)**

### 2. Ventilation du service à l'IUT Bourges

Après être intervenu sur plus de 25 enseignements différents depuis 2004, ma volonté est à présent de consolider mon activité autour de la Mécanique des Structures en GC (responsable du cours en $2^{ème}$ année) et des Traitements de Surface (TS) en GMP (responsable cours et TP, en $2^{ème}$ année). A présent à l'IUT (Figure 73), les cours magistraux (CM) représentent un peu plus de 16 % de mon service (pour une moyenne généralement programmée autour de 20 %

dans les PPN[24]). Les Travaux pratiques (TP) correspondent à 30 %, ce qui est faible comparativement au volume alloué normalement en IUT (45 % d'après le PPN GC[25] par exemple en 2010). Le reste est composé principalement de travaux dirigés (TD). Ces répartitions entre CM, TD et TP varient bien sûr selon le département dans lequel j'ai dispensé ces enseignements (Figure 74). Les besoins sont différents du département GEA[26] au département GMP[27] par exemple. Depuis 2011, mes activités d'enseignement sont principalement tournées vers GC et GMP (arrêt des interventions en QLIO[28] et MP[29]).

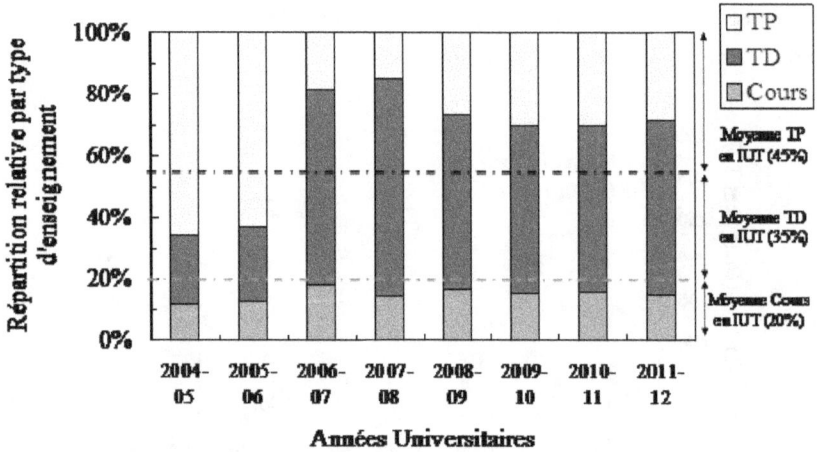

**Figure 73. Distribution des services selon le type d'enseignement**

---

[24] Programmes Pédagogiques Nationaux
[25] Génie Civil
[26] Gestion des Entreprises et des Administrations
[27] Génie Mécanique et Productique
[28] Qualité, Logistique Industrielle et Organisation
[29] Mesures Physiques

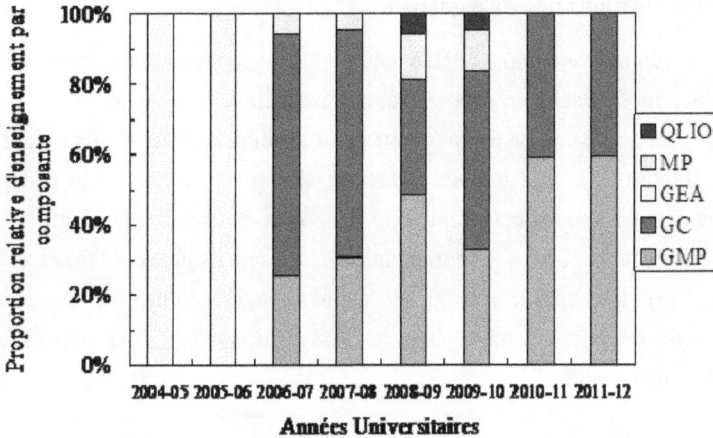

**Figure 74. Interventions sur les 5 départements de l'IUT variant selon les années.**

## 3. Investissement personnel

Depuis 2004, j'ai élaboré plusieurs cours (dernièrement : Mécanique des Fluides, Introduction à la méthode des éléments finis), des séances de TD (très régulièrement remises à jour et adaptées selon l'auditoire) et de nouveaux TP (dont le plus important : en TS, 48 k€ d'investissement avec mise aux normes). J'essaie d'adapter mes enseignements aux étudiants par la façon de les enseigner et par les moyens de communiquer. De nombreux outils sont disponibles pour mes cours sur l'ENT (Environnement Numérique de Travail), comme des quizz, des polycopiés, des séries d'exercices et les sujets d'examen avec corrigés. Cela peut permettre aux étudiants de trouver leur solution d'apprentissage. Un fort investissement personnel se retrouve aussi dans le suivi de projets étudiants (jusqu'à 22% du service en 2008-2009). Depuis 2006, j'ai encadré 25 projets tuteurés sur les quatre départements scientifiques que compte l'IUT.

## 4. Améliorations des enseignements

A mon initiative depuis 2004, les étudiants évaluent régulièrement, de façon anonyme, mes enseignements. Cela me permet de mieux répondre à leurs attentes grâce à ce retour tout en respectant au mieux le PPN. Sur un exemple récent (Figure 75), cela permet d'identifier les points forts -ici la pédagogie, l'écoute et les compétences propres- et les points d'effort -ici la clarté-. Cela se retrouve directement dans les commentaires libres qu'ils peuvent laisser, orientés dans cet exemple vers le manque de clarté de mon écriture manuscrite et du manque de lisibilité de mes tableaux. J'essaie donc de garder une ouverture d'esprit et une écoute.

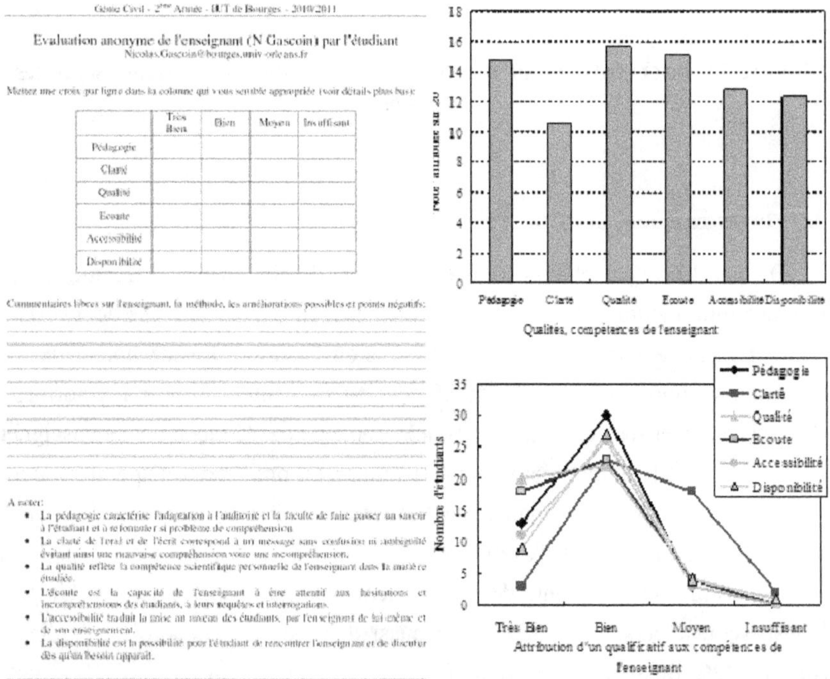

**Figure 75. Questionnaire anonyme type et résultats graphiques (MS4, GC2, 2010-11).**

## 5. Ouverture sur le monde industriel

Les contrats d'étude renforcent les relations université-industrie et bénéficient à la composante comme aux étudiants (Nexter 2008-2015, 50 k€).

Cela permet un travail concret sur une problématique industrielle tout en développant les moyens pédagogiques.

Mettre son relationnel à disposition des étudiants et encourager les plus méritants est un service que j'essaie de rendre tant aux étudiants qu'aux industriels. Je suis parfois sollicité par des entreprises pour développer des projets. Ceci crée une émulation et permet à l'industriel de voir émerger de nouvelles idées et de les tester à frais réduits.

## Annexe 7 : Compléments d'information à l'adresse des curieux, doctorants et stagiaires

Une thèse d'Habilitation à Diriger des Recherches permet notamment de faire le point sur ses propres travaux. Si elle peut servir aux autres, c'est encore mieux. De cette idée simple m'est venue l'envie de partager un peu plus que de la science et de m'adresser à un public qui pourrait s'avérer moins averti qu'un jury.

A mes prochains stagiaires et doctorants, à tout étudiant qui serait amené à en connaître sur le sujet ou tout simplement à celui qui, un jour par hasard, découvrira ce manuscrit au détour d'une recherche par mot-clef sur internet, je propose ici des compléments d'information, des définitions, des liens qui ne peuvent pas trouver leur place dans la liste des références. Afin que chacun acquiert un vernis de connaissance ou des notions supplémentaires ou complémentaires. Pour mieux saisir le contexte de l'étude et les éléments abordés au sein de ce manuscrit. Les renvois de note de fin vous mènent ici. Bonne lecture !

[I] Le nombre de Mach est donné par le rapport entre la vitesse du fluide et de celle du son, calculée dans les conditions d'étude du fluide. Pour un mach inférieur à 1, la vitesse du fluide est inférieure à la vitesse locale du son et l'information peut transiter dans l'écoulement d'aval en amont (autrement dit, le fluide sait quels obstacles il va rencontrer). Au-delà, l'écoulement est supersonique et l'information ne circule plus assez vite. En présence d'un obstacle, le fluide arrive trop vite et le percute. Sa vitesse devient nulle au point d'impact, une compression apparaît et une onde de choc se forme alors. Un échauffement localisé est inévitable puisque les grandeurs de température et pression sont liées. Lorsque le nombre de Mach est supérieur à 5 ou 6, l'écoulement est dit hypersonique. Cela entraine un niveau élevé de température.

II La perméabilité de Darcy s'exprime en m². Elle caractérise la capacité d'un matériau solide à laisser passer un fluide liquide ou gazeux. Elle s'applique aux milieux poreux qui peuvent être des matériaux en composite à base de carbone mais aussi d'autres milieux géologiques, par exemple : la terre, le sable, les roches. La perméabilité de Darcy, souvent noté $K_D$, correspond à un régime d'écoulement dit laminaire (voir note de fin n°X). Cela correspond à un nombre de Reynolds inférieur à l'unité lorsque celui-ci est calculé en tenant compte du diamètre de pore. Au-delà, le régime devient turbulent (voir note de fin n°XI) et la perméabilité de Forchheimer intervient alors (voir note de fin n°XII).

III Observons les phénomènes microscopiques à partir de l'injection dans le circuit de refroidissement! Nous sommes en phase liquide. Le fluide proche des parois échange avec celles-ci et capte un peu de l'énergie thermique du solide. Par mouvement convectif forcé et/ou naturel (la mise en mouvement du fluide provoque son mélange et son homogénéisation thermique), le transfert thermique s'effectue de proche en proche (conduction). A mesure que le fluide s'échauffe, il se dilate et prend plus de place, son indice optique varie et le rayonnement thermique commence à traverser le milieu. La masse volumique (quantité de matière par unité de volume) décroît par dilatation notamment. Selon la pression ambiante, l'état macroscopique du fluide s'apparente alors à un gaz ou à un fluide supercritique. L'excitation chimique des molécules que cela provoque est visible en infra-rouge; les liaisons vibrent, s'étirent et se déforment. Au-delà d'un seuil thermique, les liaisons chimiques finissent par se rompre. S'installent alors des milliers de réactions en chaine où chaque radical ou molécule va interagir avec d'autres au gré d'un schéma réactionnel présentant des voies privilégiées. Les réactions chimiques produisent des alcanes, des alcènes et d'autres composés de masse molaire plus élevée et plus faible également. Le nombre de molécules croissant à masse constante, le volume du fluide augmente alors, ce qui influe sur la pression donc sur la mise en écoulement. L'augmentation de température, en partie contenue par les réactions chimiques endothermiques (qui ont donc absorbé une partie du flux thermique incident) est à nouveau visible. Ceci conduit alors à une évacuation moindre du flux issu des parois, en raison d'un différentiel thermique plus faible. A l'injection en chambre de combustion, les espèces chimiques formées brûleront avec une rapidité qui dépend de leur taille et formulation.

IV Lors de la régression du solide (consommation avec déplacement de sa surface donc de l'interface solide-gaz), le volume solide diminue, celui libre pour les gaz augmente et la surface d'échange entre les deux s'accroit. L'augmentation de la surface d'échange modifie les équilibres. Pour limiter ce phénomène, il est possible de percer plusieurs canaux dans le bloc solide, géométrie dite multiports. Ainsi, ces ports de passages gazeux, constituant autant de chambres de combustion, permettent de réduire le déséquilibre entre solide et gaz. La surface de contact solide-gaz varie alors moins vite.

V C'est indirectement le principe des moteurs spatiaux, qui délivrent des poussées extrêmement faibles (quelques millinewtons) mais sur des durées très longues (faible poussée, forte Isp) en éjectant des électrons ou des ions dans le vide. Bien sûr, si l'oxyde résultant de la combustion d'un métal était gazeux, ce problème ne se poserait pas; mais les oxydes métalliques sont rarement gazeux aux conditions opératoires rencontrées ici.

VI Les modèles de sous maille permettent en simulation LES (voire note de fin n°XIII) de modéliser le comportement du fluide à une échelle microscopique pour ne prendre en compte que les effets à l'échelle macroscopique et ainsi simuler des systèmes de dimensions réelles (plusieurs mètres).

VII Cela provient du dépassement par le fluide en écoulement de la vitesse du son. L'information ne se propageant plus assez vite vers l'arrière de l'écoulement, celui-ci ne peut plus s'adapter à l'obstacle et cela créé un choc violent se traduisant par ces ondes. En se réverbérant sur les parois de la chambre, elles se croisent et s'intensifient ce qui peut générer des dégâts importants sur la structure.

VIII Schématiquement, la pyrolyse débute par une rupture aléatoire de la chaîne carbonée (liaison C-C) ce qui produit des radicaux de masses molaires variées. Ensuite, un radical arrache un atome d'hydrogène à une molécule avoisinante et devient une molécule saturée (alcane, i.e. paraffine) tandis que l'autre molécule devient un radical. Il est aussi possible par réaction de beta-scission que le radical produise directement un insaturé (alcène, i.e. oléfine) ainsi qu'un nouveau radical. Les radicaux sont ainsi formés, parmi lesquels celui hydrocarboné le plus réactif est $CH_3$ (hormis H qui peut être formé par rupture de liaison C-H ou par métathèse avec $H_2$). Ces radicaux sont donc au cœur du procédé de décomposition thermique.

IX L'effet catalytique des matériaux est généralement observé par comparaison de données avec d'autres, obtenues en réacteur inerte comme le quartz. Néanmoins, même un dépôt fin en surface pour tester l'effet catalytique s'accompagne d'une modification des propriétés du solide. Il est donc bien difficile d'étudier l'effet catalytique uniquement.

X Les régimes d'écoulement en milieu poreux sont de trois types. La viscosité d'un fluide peut piloter l'écoulement lorsque la vitesse est très faible. C'est le régime de Stokes. Ce type d'écoulement plutôt diffusif s'observe lorsque la perméabilité de Darcy est de l'ordre de $10^{-22}$ $m^2$ voire moins. Quand la vitesse augmente, le régime devient laminaire. La distinction entre laminaire et turbulent s'opère ensuite en fonction du nombre de Reynolds. De nombreux travaux existent pour affiner cette description. En pratique, lorsque la perte de charge à travers le milieu est linéairement proportionnelle à la vitesse d'écoulement, on considère que l'écoulement est laminaire; turbulent au-delà. Cela ne fait donc pas réellement référence aux notions d'écoulement laminaire/turbulent due à la description de la couche limite comme cela existe dans les écoulements en canalisations fermées ou à surface libre (voir note de fin n°XI).

XI La turbulence en milieu poreux est un concept qu'il est difficile à représenter. En effet, la distinction laminaire/turbulent s'exprime habituellement au travers de la couche limite. Cependant à l'échelle de la porosité (diamètre de passage de l'ordre du micromètre voire de quelques dizaines de nanomètres), il semble impossible de pouvoir définir une couche limite. Son développement dans un milieu géométriquement complexe peut sembler questionnable. Sinon comment représenter les échelles de turbulence (type Kolmogorov) ? Il faut donc entendre par turbulent un écoulement pour lequel perte de charge et vitesse de passe ne sont pas linéairement liés.

XII L'existence même de la perméabilité de Forchheimer est toujours aujourd'hui un sujet de recherche. En effet, elle naît de la mise en relation de la perte de charge et de la vitesse filtrante au travers d'une loi en carré. Cependant, les explications physiques qui visent à justifier cette démarche en assimilant le terme de Forchheimer aux forces inertielles exprimées par une vitesse au carré peuvent ne pas correspondre à la physique des phénomènes à l'échelle microscopique. Compte-tenu des échelles et de l'absence d'outils de mesure adaptés à la visualisation des écoulements dans ces milieux, cela reste complexe à trancher.

XIII Différents niveaux de modélisations existent selon le besoin de complexité ou du niveau de détail requis. A l'état stationnaire, la simulation RANS (Reynolds Average Navier Stokes) permet de modéliser un écoulement en apportant une description moyennée de la turbulence. D'autres moyennes existent (autre que celle de

Reynolds). L'approche LES (Large Eddy Simulation) s'intéresse aux échelles les plus grandes de la simulation et s'affranchit des plus petites grâce à un modèle de sous-mailles. Cette approche présente l'avantage d'être transitoire et donc de ne plus renvoyer un profil moyen mais un profil instantané. Cependant, le choix du modèle impacte la précision du calcul. Pour cette raison, la DNS (Direct Numerical Simulation) simule directement l'ensemble des phénomènes en appliquant les équations de la mécanique des fluides sur un maillage très fin (mailles de l'ordre de quelques micromètres) afin de capter les plus petites échelles de turbulence. Le coût numérique explose. Enfin, une dernière approche est la MDS (Molecular Dynamic Simulation). Elle reste inapplicable pour simuler des écoulements sur quelques centimètres (même avec les meilleurs calculateurs). Cette approche est intéressante pour prendre en compte les interactions chimiques (car basée sur la description élémentaire des interactions inter- et intra- moléculaires).

# Annexe 8 : Quelques tirés à part.

17th AIAA International Space Planes and Hypersonic Systems and Technologies Conference
11 - 14 April 2011, San Francisco, California

AIAA 2011-2205

# Thermal and hydraulic effects of coke deposit in hydrocarbon pyrolysis process.

N. Gascoin[1], G. Abraham[2], P. Gillard[3]

*PRISME, IUT Bourges, 63, avenue de Lattre de Tassigny - 18000 Bourges, France*

Fuel pyrolysis is studied for its endothermic effect which can be used in regenerative cooling technique to ensure the thermal withstanding of hypersonic vehicles and structures. The thermal decomposition is mainly driven by the temperature, the residence time and the pressure, in this order of importance. Among the production of pyrolysis species, a coke formation can be noticed. This carbon deposit can impact on heat and mass transfer involved in the system because of thermal insulation and of flow cross-section reduction. Furthermore, this carbon deposit modifies the catalytic effect of the reactor because it limits the contact between the reactive flow and the reactor material. The numerical study presented in this paper uses the RESPIRE code to compute successive test cases in order to understand the complex and coupled phenomena involved in the process. Two experiments with stainless steel and titanium reactors are considered as reference. They are reproduced numerically. Then, the case related to stainless steel reactor is computed again with the material properties of titanium to observe the pure effect of properties modifications (which is not easily feasible experimentally). No significant change is observed, which demonstrates that both reactor materials are equivalent physically. Then, the coking rate is computed on the basis of analytical laws derived from past and published experiments. Its thermal insulation effect is observed in the wall of the reactor (artificially no reduction of the cross-section is considered to split the thermal and hydraulic phenomena). Less than 0.2 K of discrepancy is observed. This shows that the conduction effect on the process is negligible. The jamming up of the reactor which is observed experimentally is confirmed numerically at the same time because the carbon deposit thickness reaches the value of the reactor inner radius. Finally, the reduction of flow cross-section due to the growth of carbon layer is considered. The changes in terms of Reynolds number, residence time (decreased by a factor 4) and absorbed energy are considered. This last point is found to be responsible of the discrepancies observed experimentally because a reduction by a factor 3 can be found on this energy.

## Nomenclature

| | | |
|---|---|---|
| CC | = | Combustion Chamber |
| cw | = | cold wall |
| ef | = | external face |
| f | = | fluid |
| hw | = | hot wall (equivalent to ef in this study) |
| if | = | internal face (equivalent to cw in this study) |
| s | = | Subscript refers to static conditions |
| SS | = | Stainless Steel |
| Ti | = | Titanium |
| c | = | Speed of sound (m.s$^{-1}$) |
| $C_f$ | = | Friction coefficient () |
| $D_H$ | = | Hydraulic diameter (m) |
| h | = | Convective heat exchange coefficient between the two parts mentioned in subscript (W.m$^{-2}$.K$^{-1}$) |

[1] Associate Professor, Nicolas.Gascoin@bourges.univ-orleans.fr, AIAA Member.
[2] Doctor.
[3] Professor, Philippe.Gillard@bourges.univ-orleans.fr.

1
American Institute of Aeronautics and Astronautics

Journal of Analytical and Applied Pyrolysis 89 (2010) 294–306

Contents lists available at ScienceDirect

## Journal of Analytical and Applied Pyrolysis

journal homepage: www.elsevier.com/locate/jaap

# Synthetic and jet fuels pyrolysis for cooling and combustion applications

N. Gascoin*, G. Abraham, P. Gillard

*PRISME, IUT Bourges, 63, Avenue de Lattre de Tassigny, 18000 Bourges, France*

ARTICLE INFO

Article history:
Received 19 July 2010
Accepted 20 September 2010
Available online 17 October 2010

Keywords:
Fuel pyrolysis
Supercritical state
Detailed mechanism
Numerical simulation
COMS
FFB

ABSTRACT

Large heat load are encountered in hypersonic flight applications due to the high vehicle speed (over Mach 5, i.e. 5000 km hr$^{-1}$) and to the combustion heat release. If passive and ablative protections are a way to ensure the thermal management, the regenerative cooling is probably the most efficient one to enable the structures withstanding (notably for reusable structures). The present study is a part of COM-PARER project (COntrol and Measure of PArameters in a REacting stReam) which aims at investigating the highly coupled phenomenon (heat and mass transfers, pyrolysis, combustion) in a cooling channel surrounding a SCRamjet combustion chamber and at proposing some parameters to enable the control of such a complex technology. In this paper, we present the comparative numerical pyrolysis study of some selected synthetic and jet fuels (heptane, decane, dodecane, kerosene surrogate). The fluid pyrolysis has been studied experimentally and the results of RESPIRE numerical simulation under lab and in-flight conditions are given with validation to provide a deep understanding of phenomenon. The impact of the density, of the critical parameters, of the viscosity and of the chemistry is investigated to analyze their effect on the cooling efficiency of the engine. That also enables to estimate properties which the best cooling fuel should have. Furthermore, a combustion study is conducted because the cooling fuel is the one that ensure the thrust. The RESPIRE code enables to conduct both coupled pyrolysis and combustion studies. A first approach of the dynamic regeneratively cooled SCRamjet is provided to get a large vision of the fuel nature impact on the system.

© 2010 Elsevier B.V. All rights reserved.

## 1. Introduction

Hypersonic flight (over Mach 6) is expected to be achieved in the coming years by means of supersonic combustion ramjet (SCRamjet) [1]. For such high velocity, the total temperature of external air, considering the flow velocity, can reach 1650 K at Mach 6 and 4950 K at Mach 12. This produces a dramatic heating, which is added to the heat flux coming from the combustion heat release. Even composite materials could not withstand such large heat load. Furthermore, the time allocated for the combustion in SCRamjet mode is about 1 ms [2]. The thermal management of the overall vehicle and more specifically of the combustion chamber (CC) is thus an important focus for the aerospace research [3]. In this framework, the COMPARER program (COntrol and Measure of PArameters in a REacting stReam) has been settled by MBDA-France and by the University of Orléans (France). It consists in studying the existing cooling strategy and in testing suitable measurement methods for the regulation. Indeed, an integrated solution using the fuel is considered. Hydrogen could be used as cooling fluid but due to safety and ease of storage reasons, hydrocarbons are often

preferred for flight Mach number under 8. The hydrocarbon fuel is injected in a channel equipped with pin fin. It surrounds the engine. In more efficient systems, the ceramic matrices composite are used [4]. A counter-flow heat exchanger is thus available towards the burned gases. When heated above 800 K, the fuel is pyrolysed and thanks to its endothermic behavior, it increases the active cooling of the hot walls. This pyrolysis produces lighter hydrocarbon species with shorter ignition delays than the initial fuel. This is particularly interesting for the combustion because of short residence time in the combustion chamber. It is important to note that the expected high pressure in the cooling loop (>3 MPa) causes the fluid to become supercritical in the channel. Furthermore, the wall of the cooling channel in contact with the CC can be porous; creating a thin film cooling that contributes to protect it from the hot gases.

The complete system is a coupled process. The engine thrust depends on the chemical fuel composition injected in the combustion chamber but this composition is linked to thermal heat flux applied on the cooling channel depending on the air/decomposed hydrocarbon combustion. The latest is related to the combustion. Because of this interaction between combustion and pyrolysis, it is useful during the flight to have information about the fuel composition.

The code, called RESPIRE (a French acronym for SCRamjet Cooling with Endothermic Fuel, Transient Reactor Programming), is a

* Corresponding author. Tel.: +33 248 238 473; fax: +33 248 238 473.
E-mail address: Nicolas.Gascoin@bourges.univ-orleans.fr (N. Gascoin).

0165-2370/$ – see front matter © 2010 Elsevier B.V. All rights reserved.
doi:10.1016/j.jaap.2010.09.008

17th AIAA International Space Planes and Hypersonic Systems and Technologies Conference
11 - 14 April 2011, San Francisco, California

AIAA 2011-2206

# Fuel Pyrolysis through Porous Media:
# Coke Formation and Coupled effect on Permeability

G. Fau[*], N. Gascoin[†], P. Gillard[‡]
University of Orléans, 63, avenue de Lattre de Tassigny – 18000 Bourges, France

M. Bouchez[§]
MBDA-France, 78 rue Le Brix – 18000 Bourges, France

and

J. Steelant[**]
European Space Research and Technology Centre, Keplerlaan 1, 2201 AZ Noordwijk, The Netherlands

Over the past years, the great development of supersonic and hypersonic vehicles permitted to reach very high speed flight (up to Mach 10). Such high velocity leads to an important heating of the whole structure of the vehicle. So, a sophisticated and efficient cooling is essential in order to make flight longer than a few seconds possible. Several methods have been developed to sustain such high thermal load like passive and ablative protections. The most efficient way to ensure the thermal management is probably the regenerative cooling. The fuel is used as a coolant thanks to its endothermic decomposition. In this paper, the fuel (n-dodecane) pyrolysis through stainless steel porous medium (class 3) is studied up to 820 K (fluid temperature) and 35 bar (supercritical state). A dedicated bench has been especially designed to investigate the particularity of porous flow. Temperature, pressure, mass flow rate are measured during the thermal degradation also as to the chemical compositions through multi-location sampling. By comparison with previous experiments under plug flow reactor, it appears that for the present experimental configuration, the conversion of dodecane is higher. The pyrolysis produces preferentially light gaseous species, which results in a higher gasification rate for similar pyrolysis one. In addition, an estimation of the Darcy's permeability has been calculated based on the Brinkmann's law. Its value is constant for moderate temperature (below 700 K) and then varies for a high pyrolysis degree (almost 50 wt.%). The relationship between coke deposit and permeation evolution is investigated thanks to the analytical estimation of coke formation on the basis of previous work. A time shift is demonstrated between coke chemistry and permeability change. This is an important result to understand the coupling of physical and chemical process involved in hypersonic structures cooling.

## Nomenclature

$g$ = Earth's gravity $(m^2.s^{-1})$
$K_D$ = Darcy's permeability $(m^2)$
$K_F$ = Forchheimer's permeability $(m)$
$L$ = sample thickness $(m)$
$\dot{m}$ = mass flow rate $(g.s^{-1})$
$m_c$ = mass of coke deposit $(g)$
$P$ = pressure $(Pa)$

[*] Associate Engineer, corresponding author, Guillaume.Fau@bourges.univ-orleans.fr, AIAA Member.
[†] Associate Professor, AIAA Member.
[‡] Professor.
[§] Expert Senior Research Engineer, AIAA Member.
[**] Expert Senior Research Engineer, AIAA Member.

1

American Institute of Aeronautics and Astronautics

Journal of Analytical and Applied Pyrolysis 91 (2011) 377–387

Contents lists available at ScienceDirect

## Journal of Analytical and Applied Pyrolysis

journal homepage: www.elsevier.com/locate/jaap

# Real-time method for the identification and quantification of hydrocarbon pyrolysis products: Part II. Application to transient pyrolysis and validation by numerical simulation

Nicolas Gascoin [a,\*], Gregory Abraham [a], Philippe Gillard [a], Marc Bouchez [b]

[a] PRISME Institute, University of Orléans, 63, avenue de Lattre de Tassigny, 18020 Bourges Cedex, France
[b] MBDA, France, 8, rue Le Brix, 18000 Bourges, France

## ARTICLE INFO

Article history:
Received 77 October 2010
Received in revised form 21 February 2011
Accepted 7 April 2011
Available online 15 April 2011

Keywords:
Hydrocarbon pyrolysis
Fourier transform infra red spectrometer
Gas chromatograph–mass spectrometer
Supercritical state
Kinetic simulation

## ABSTRACT

A real-time quantification infra red method has been developed with a gas cell to determine the composition of hydrocarbon pyrolysis products. The aim is to chemically characterise the fuel decomposition in case of regenerative cooling. The method can be extended to a large variety of applications. A transient analysis of the method behaviour is conducted to estimate its capacity to be applied to unsteady conditions (one measure per second), which can be encountered in cooling activity and unsteady processes. A numerical tool called RESPIRE (French acronym for Supersonic Combustion Ramjet Cooling with Endothermic Fuel, Transient Reactor Programming) is used to help in understanding the complex phenomena involved in such a chemical reactor. The validation of transient behaviour with respect to the computations shows negligible time delay (lower than few seconds with gasification rate higher than 60 wt.%) due to residence time in the experimental setup. The quantification accuracy is confirmed to be around 2 mol%. The agreement obtained on gas cell measurements is found to be correct over 10–20 wt.% of gasification rate and very satisfactory over 60 wt.% but this depends on the species. An extension of the method has been developed with a dedicated online cell to be specifically applied to supercritical and multiphase flows. The quantification of the gas phase in the pyrolysis mixture in case of biphasic flow is proposed and validated with an uncertainty around 3 wt.%. The coke formation is monitored as a function of time and its quantification is even tested with 50% of uncertainty after a numerical calibration with respect to simulation.

© 2011 Elsevier B.V. All rights reserved.

## 1. Introduction

The hypersonic flight is expected to be achieved with Supersonic Combustion Ramjet engine [1–4]. Due to the large heat load applied on the structure (elevated total temperature in case of high speed [5,6] and combustion heat release [7]), the regenerative cooling technique could be implemented to use the fuel as a coolant but also to voluntarily decompose it. Some of the resulting pyrolysis products (among hydrogen, ethylene, methane, etc [8]) can present sufficiently low auto-ignition delays for supersonic combustion conditions (auto-ignition delays should be 10% of the residence time, that is to say 0.1 ms [9]). The COMPARER project (COntrol and Measure of PArameters in a REacting stReam) has been settled in 2003 to enable studying the regenerative cooling technique. To control such a technology, the combustion of

the hydrocarbon pyrolysis products should be assessed and this requires estimating the main components and their respective concentrations [10]. For this purpose, a specific Infra Red method has been developed and validated under steady-state conditions [11]. Compared with gas chromatograph, it shows an accuracy of about 2 mol% on the quantification of main gaseous products (detection limit of 4 mol%) such as methane, ethylene, ethane, propylene and propane.

The aim of this second part of paper is to apply the method to transient cases to test its adaptability to conditions which are much more difficult to analyse. Due to its nature, the GC/MS apparatus is not suitable for transient analysis and the only way to validate the FTIR data is to use numerical simulation. For this purpose, the numerical code called RESPIRE (French acronym for SCRamjet Cooling with Endothermic Fuel, Transient Reactor Programming) uses experimental pressure, furnace temperatures and mass flow rate measurements as boundary conditions for an exact simulation of the pyrolysis process [7,12]. This tool has been extensively validated since 2004 under various operating conditions, for several types

\* Corresponding author. Tel.: +33 248 238 471; fax: +33 248 238 871.
E-mail address: Nicolas.Gascoin@bourges.univ-orleans.fr (N. Gascoin).

0165-2370/$ – see front matter © 2011 Elsevier B.V. All rights reserved.
doi:10.1016/j.jaap.2011.04.005

www.ingramcontent.com/pod-product-compliance
Lightning Source LLC
Chambersburg PA
CBHW021045210326
41598CB00016B/1105